世界史を変えた植物

PHP文庫

○本表紙図柄＝ロゼッタ・ストーン（大英博物館蔵）
○本表紙デザイン＋紋章＝上田晃郷

はじめに

私たちは人類の歴史について、よく知っている。少なくとも、そう思っている。しかし、本当にそうだろうか。私たちが知っている歴史の裏側で、植物が暗躍していたとしたら、どうだろう。

人類の陰には、常に植物の姿があった。

人類は植物を栽培することによって、農耕を始め、その技術は文明を生みだした。植物は富を生みだし、人々は富を生みだす植物に翻弄（ほんろう）された。人口が増えれば、大量の作物が必要となる。作物の栽培は、食糧と富を生みだし、やがては国を生みだし、そこから大国を作りだした。富を奪い合って人々は争い合い、植物は戦争の引き金にもなった。

兵士たちが戦い続けるためにも食べ物がいる。植物を制したものが、世界の覇権を獲得していった。植物がなければ、人々は飢える。そこで人々は植物を求め、植物を育てる土地を求めて彷徨（さまよ）った。そして、国は栄え、国は亡（ほろ）び、植物によって、人々は幸福になり、植物によって、人々は不幸になった。

歴史は、人々の営みによって紡(つむ)がれてきた。しかし、人々の営みには植物は欠くことができない。人類の歴史の陰には、常に植物の存在があったのだ。

古代の文明が植物によって生みだされたとしたら、どうだろう。

近代社会を生みだした産業革命の原動力となったものが、ある植物であったとしたらどうだろう。

世界一の大国であるアメリカの隆盛の陰に、ある植物があったとしたらどうだろう。

アメリカの南北戦争やイギリスと清とのアヘン戦争の陰に、ある植物の存在があったとしたらどうだろう。

人類の歴史は、植物の歴史でもある。本書では、そんな植物から見た世界の歴史をのぞいてみたいと思う。

さあ、人類と植物が紡いだ壮大なドラマの始まりである。

稲垣栄洋

世界史を変えた植物　目次

第2章　イネ――稲作文化が「日本」を作った

第3章　コショウ――ヨーロッパが羨望した黒い黄金

第4章 トウガラシ——コロンブスの苦悩とアジアの熱狂

第5章 ジャガイモ——大国アメリカを作った「悪魔の植物」

第6章　トマト――世界の食を変えた赤すぎる果実

第7章　ワタ――「ヒツジが生えた植物」と産業革命

第8章　チャ――アヘン戦争とカフェインの魔力

第9章　コーヒー――近代資本主義を作り上げた植物

第10章 サトウキビ――人類を惑わした甘美なる味

第11章 ダイズ――戦国時代の軍事食から新大陸へ

第12章 タマネギ——巨大ピラミッド建設を支えた薬効

第13章 チューリップ——世界初のバブル経済と球根

第14章 トウモロコシ——世界を席巻する驚異の農作物

第15章 サクラ——ヤマザクラと日本人の精神

本文イラスト　三品隆司

第1章

コムギ——一粒の種から文明が生まれた

あるとき、私たちの祖先は、人類の歴史でもっとも「偉大な」発見をした。
突然変異を起こした「ヒトツブコムギ」との出合いにより、
私たち（人類）は狩猟生活を捨てて農耕を選択する。

木と草はどちらが進化形？

植物には木と草とがある。この木と草では、どちらがより進化した新しい形だろうか。シダ植物から種子植物へと進化した植物は、木を作る木本(もくほん)植物としてさらに進化した。

古代の地球は、気候は温暖で、二酸化炭素濃度は高く、植物が光合成をするのに適した環境だった。そのため、どんどん大きくなれば大きくなるほど、他の植物よりも光合成をすることができる。そして、大きな体を支えるためには、しっかりとした木を作ることが必要だったのである。

草食性の恐竜たちも、背の高い植物を食べるために、長い首へと進化を遂げていった。

ところが、恐竜時代の終わりの白亜紀になると、状況が変化してくる。

今まで一続きだった巨大な大陸が分裂して、移動を始めたのである。大地が引き裂かれたところは、浅い内海や湿地帯となり、大地と大地とがぶつかったところは、隆起して山を作り上げた。こうして地殻変動が起こり、複雑な地形が作り上げられるとともに、その地形によって気候も大きく変動するようになったのである。

そして、地球環境は安定の時代から変化の時代になったのだ。

この変化に対応して劇的な変貌を遂げたのが「草」である。

先が読めない変化の時代——何が起こるかわからない環境では、ゆっくりと大きな体を作っている余裕がない。そのため、小さな体の草が発達した。

トリケラトプスは白亜紀に登場した恐竜である。

それまでの草食恐竜は首が長く、高い樹木の葉を食べているものが多かった。ところが、トリケラトプスは首が短く、足も長くない。しかも、頭は下向きについている。まるで、草食動物のウシやサイのようである。つまり、トリケラトプスは樹上の葉ではなく、地面から生える小さな草花を食べるように進化している。このように、この時代には木から草への進化が起こっていたのだ。

双子葉植物と単子葉植物の違い

こうして草へと発達したのが、単子葉(たんしよう)植物である。

植物にとって、木から草への変化はあまりに劇的で、魚が上陸して両生類になったり、サルが進化して人類となったほどの大きな進化である。

学校の理科の時間には双子葉植物と単子葉植物の特徴の違いを暗記させられるが、単子葉植物は、とにもかくにもスピードに対応した植物である。

たとえば、その名のとおり、双子葉植物の子葉が二枚であるのに対して、単子葉植物は一枚である。また、双子葉植物は茎の断面に形成層という導管と師管から成るリング状のものがあるのに対して、単子葉植物では形成層がない。このように単子葉植物の構造は単純だが、じつは単子葉植物の方が進化した形なのだ。

単子葉植物の一枚の子葉は、もともと二枚だったものをくっつけて一枚にしたものである。また、形成層のようなしっかりとした構造は、茎を太くして、植物体を大きくするためには必要だが、それだけ成長に時間が掛かることになる。そのため、単子葉植物は、スピードを重視して、形成層をなくしてしまったのだ。

他にも単子葉植物は、葉脈が平行であることや、根がひげ根であることで特徴づけられる。双子葉植物は、大きく成長しても大丈夫なように、しっかりとした枝分かれ構造を築いていくが、大きく成長しない草本の単子葉植物は、スピードを重視して直線構造にしているのである。

こうして単子葉植物は、スピードを重視するために、余計なものを省略しているのだ。

イネ科植物の登場

この単子葉植物の中で、もっとも進化したグループの一つと言われているのが、イネ科植物である。

イネ科植物は、乾燥した草原で発達を遂げた植物だ。

木々が生い茂る深い森であれば、大量の植物が食べ尽くされるということはない。しかし、植物が少ない草原では、動物たちは生き残りをかけて、限られた植物を奪い合って食べ荒らす。荒地に生きる動物も大変だが、そんな脅威にさらされている中で身を守ろうとするのは本当に大変なことだ。

草原の植物たちは、どのようにして身を守れば良いのだろうか。

毒で守るというのも一つの方法である。しかし、毒を作るためには、毒成分の材料とするための栄養分を必要とする。やせた草原で毒成分を生産するのは簡単なことではない。また、せっかく毒で身を守っても、動物はそれへの対抗手段を発達させることだろう。

そこでイネ科の植物は、ガラスの原料にもなるようなケイ素という固い物質を蓄えて身を守っている。ケイ素は土の中にはたくさんあるが、他の植物は栄養分としては利用しない物質だから、非常に合理的なのだ。

さらに、イネ科植物は葉の繊維質が多く消化しにくくなっている。こうして、動物に葉を食べられにくくしているのである。

イネ科の植物がケイ素を体内に蓄えるようになったのは、六百万年ほど前のことであると考えられている。これは、動物にとっては劇的な大事件であった。このイネ科の進化によって、エサを食べることのできなくなった草食動物の多くが絶滅したと考えられているほどだ。

それだけではない。イネ科植物は、他の植物とは大きく異なる特徴がある。

普通の植物は、茎の先端に成長点があり、新しい細胞を積み上げながら、上へ上へと伸びていく。ところが、これでは茎の先端を食べられると大切な成長点も食べられてしまうことになる。

そこで、イネ科の植物は成長点を低くしている。イネ科植物の成長点があるのは、地面スレスレである。イネ科植物は、茎を伸ばさずに株もとに成長点を保ちながら、そこから葉を上へ上へと押し上げるのである。これならば、いくら食べられても、葉っぱの先端を食べられるだけで、成長点が傷つくことはないのである。

イネ科植物のさらなる工夫

ただし、この成長方法には重大な問題がある。

上へ上へと積み上げていく方法であれば、細胞分裂をしながら自由に枝を増やして葉を茂らせることができる。しかし、作り上げた葉を下から上へと押し上げていく方法では、後から葉の数を増やすことができないのである。

そこで、イネ科植物は成長点の数を次々に増やしていく方法を選択した。これが分蘖(ぶんげつ)である。イネ科植物は、ほとんど背は高くならないが、少しずつ茎を伸ばしながら、地面の際(きわ)に枝を増やしていく。そして、その枝がまた新しい枝を伸ばすというように、地面の際にある成長点を次々に増殖させながら、押し上げる葉の数を増やしていくのである。そのため、イネ科植物は地面の際から葉がたくさん出たような株を作るのである。

イネ科植物の工夫はそれだけにとどまらない。

コメやコムギ、トウモロコシなどイネ科の植物は、人間にとって重要な食糧である。しかし、人間が食用にしているのは植物の種子の部分である。

イネ科植物は葉が固いので、とても食べられないのだ。しかし、人類は火を使うことができる。固いだけなら、調理をしたり、加工したりして、何とか食べられそうなものだ。

じつは、イネ科植物の葉は固くて食べにくいだけでなく、苦労して食べても、ほとんど栄養がない。そのため、葉を食べることは無駄なのである。イネ科植物は、食べられないようにするために、葉の栄養分を少なくしているのである。

しかし、植物は光合成をして栄養分を作りだしているはずである。イネ科植物は、作りだした栄養分をどこに蓄えているのだろうか。

イネ科植物は、地面の際にある茎に栄養分を避難させて蓄積する。そして、葉はタンパク質を最小限にして、栄養価を少なくし、エサとして魅力のないものにしているのである。

このようにイネ科植物の葉は固く、消化しにくい上に栄養分も少ないという、動物のエサとして適さないように進化したのである。

しかし、このイネ科植物を食べなければ、草原に暮らす動物は生きていくことができない。

動物の生き残り戦略

そのため、草食動物は、イネ科植物をエサにするための進化を遂げている。

たとえば、ウシの仲間は胃を四つ持つ。この四つの胃のうち、人間の胃と同じような消化吸収の働きをしているのは四つ目の胃だけである。それでは、残り三つの胃は、どのような働きをしているかというと、まず一番目の胃は容積が大きく、食べた草を貯蔵できる。そして、微生物が働いて、草を分解し栄養分を作りだす発酵槽の役割をしているのである。

まるで人間がダイズを発酵させて栄養価のある味噌や納豆を作り、コメを発酵させて日本酒を作りだすように、ウシは胃の中で栄養のある発酵食品を作りだしているのである。

次に二番目の胃は、食べ物を食道に押し返す働きをしている。そしてウシは胃の中の消化物を、もう一度、口の中に戻して咀嚼(そしゃく)する反芻(はんすう)という行動をするのである。ウシがエサを食べた後、寝そべって口をもぐもぐとさせているのは、そのためだ。

さらに三番目の胃は、食べ物の量を調整して、食べ物を一番目の胃や二番目の胃に戻したり、四番目の胃に送ったりしている。こうしてイネ科植物を前処理して葉をやわらかくし、さらに微生物発酵を活用して栄養分を作りだしているのである。

ウシだけでなく、ヤギやヒツジ、シカ、キリンなども反芻によって植物を消化する反芻動物である。

ウマは、胃を一つしか持たないが、発達した盲腸の中で、微生物が植物の繊維分を分解するようになっている。こうして、自ら栄養分を作りだしているのである。また、ウサギもウマと同じように盲腸を発達させている。

このようにして、草食動物はさまざまな工夫をしながら、固くて栄養価の少ないイネ科植物の葉を消化吸収し、栄養分を得ているのである。

それにしても、栄養分のほとんどないイネ科植物だけを食べているにしては、ウシやウマは体が大きい。どうして、ウシやウマはあんなに大きいのだろうか。

草食動物の中でも、ウシやウマなどは主にイネ科植物をエサにしている。イネ科植物を消化するためには、四つの胃や長く発達した盲腸のような特別な内臓を持たなくてはならない。さらに、栄養分の少ないイネ科植物の葉から栄養分を得るためには、大量のイネ科植物を食べなければならない。

この発達した内臓を持つためには、容積の大きな体が必要になるのである。

そして人類が生まれた

人類もまた草原で生まれたと言われている。

しかし人類は、葉が固く、栄養価の低いイネ科植物を草食動物のように食べることはできなかった。人類は火を使うことはできるが、それでもイネ科植物の葉は固くて、煮ても焼いても食べることができない。

それならば、種子を食べればよいではないかと思うかもしれない。現在、私たち人類の食糧である麦類、イネ、トウモロコシなどの穀物は、すべてイネ科植物の種子である。

しかし、イネ科植物の種子を食糧にすることは簡単ではない。

なぜなら、野生の植物は種子が熟すと、バラバラと種子をばらまいてしまう。なにしろ植物の種子は小さいから、そんな小さな種子を一粒ずつ拾い集めるのは簡単なことではないのだ。

コムギの祖先種と呼ばれるのが「ヒトツブコムギ」という植物である。ところがあるとき、私たちの祖先の誰かが、人類の歴史でもっとも偉大な発見をした。それが、種子が落ちない突然変異を起こした株の発見である。

種子が熟しても地面に落ちないと、自然界で植物は子孫を残すことができないことになる。そのため、「種子が落ちない」という性質は、植物にとって致命的な欠陥である。

しかし、人類にとっては違う。

種子がそのまま残っていれば、収穫して食糧にすることができるのだ。

種子が落ちる性質を「脱粒性(だつりゅうせい)」と言う。自分の力で種子を散布する野生植物にとって、脱粒性はとても大切な性質である。しかし、ごくわずかな確率で、種子の落ちない「非脱粒性」という性質を持つ突然変異が起こることがある。人類は、このごくわずかな珍しい株を発見したのだ。

落ちない種子は食糧にできるだけではない。

種子が落ちない性質を持つ株から種子を取って育てれば、もしかすると、種子の落ちない性質のムギを増やしていくことができるかもしれない。そうすれば、食糧を安定的に確保することができるのだ。

これこそが、農業の始まりなのである。

農業は重労働

農業の起源に思いを馳せてみたとき、農業はどのような場所で発展を遂げたと考えられるだろうか。自然が豊かな場所だろうか、それとも自然の貧しいところだろうか。

恵まれた場所の方が、農業は発達しやすいと思うかもしれない。しかし、実際にはそうではない。自然が豊かな場所では、農業が発達しなくても十分に生きていくことができる。たとえば森の果実や海の魚が豊富な南の島であれば、厳しい労働をしなくても食べていくことができる。

農業というのは重労働である。農業をしなくても暮らせるのであれば、その方が良いに決まっている。そのため、自然が豊かな場所では農業は発展しにくいのだ。

しかし、自然の貧しいところでは違う。

農業は重労働ではあるが、農業を行うことで、食べ物のない場所に食べ物を作ることができる。食べ物が得られるのであれば、労働は苦ではない。農業による費用対効果は、自然の貧しいところでは劇的に増加するのだ。

農耕が始まったメソポタミアは、現在の中東地域にあたる。つまりは砂漠地帯である。もちろん、まったくの砂漠では農業などできないから、一般に「肥沃な三日月地帯」と言われているが、そこは豊かな森ではなく、砂漠の中の肥沃地帯である。砂漠に食糧はない。砂漠に水路を引き、種子を蒔いて育てれば、革命的に食糧を得ることができる。

農業なしには食べていくことができない。しかし、重労働と引き換えとはいえ、農業をすれば食べていくことができる。農業は貧しい地域でやむにやまれぬ事情で始まったのである。

それは牧畜から始まった

農業はどのようにして始まったのだろうか。

人類の進化は謎に包まれているが、人類は草地で進化したと推測され、その起源はアフリカ東部と考えられている。

地殻変動によってアフリカ大陸が東西に分裂し、大地溝帯と呼ばれる巨大な谷ができると、湿った赤道西風が、大地溝帯によって遮られるようになった。そして、赤道西風が届かなくなった大地溝帯の東側では、乾燥が進み、豊かな森林が草原へと変化してしまったのである。こうした草原で、森の類人猿であった私たちの祖先は、人類へと進化していったと考えられている。

草原は食べ物が少ない。こんな厳しい環境で人類は進化を遂げたのである。

森を出た人類は、逆境を乗り越え、さまざまな環境へと広がっていった。

ところが、である。二万年から一万年前頃、地球の気候が変化し、乾燥化や寒冷化が進むと、各地に分散していた人類は生活環境の良い場所を求めて川の周辺に集まってきた。

こうした厳しい環境の中で、人類は生き抜くための術を身につけたのである。それが「農業」である。

農業の発祥の地であるメソポタミアで最初に発達したのは、家畜を飼養する牧畜であった。狩りの対象であったウシやヤギなどの草食動物を飼うことができれば、いつでも肉を手に入れることができる。また、生かして乳を搾(しぼ)れば、動物を殺して失うことなく栄養を摂ることができるのである。

現在でも、西洋では家畜を飼う畜産が盛んである。

人間はイネ科植物の茎や葉を食糧にすることができない。そこで、草食動物にイネ科植物を食べさせて、その動物を食料にするしかなかったのである。

穀物が炭水化物を持つ理由

しかし、種子の落ちない性質を持つ非脱粒性のヒトツブコムギの発見が、人類に農業の道を開いた。

しかも、イネ科植物の種子は、主に炭水化物を蓄積しているので人類の食糧として適している。

イネ科植物の種子が炭水化物を大量に持つのには理由がある。

種子が持つ炭水化物は、もともと種子が発芽をするためのエネルギーを生みだす栄養分である。

ただし、種子の中には、炭水化物以外にもタンパク質や脂質を栄養源として持つものがある。タンパク質は、植物の体を作るための栄養分である。脂質は炭水化物と同じように発芽のためのエネルギーであるが、炭水化物に比べると膨大なエネルギーを生みだすという特徴がある。脂質をたくさん含みコーン油の原料となるトウモロコシは成長量が大きいし、同じように油を搾るゴマやナタネの種子は、小さい種子に発芽のエネルギーを蓄えているのである。

このように、多くの植物が種子の中に炭水化物だけでなくタンパク質や脂質を含んでいる。ところが、イネ科植物の種子は、タンパク質や脂質が少なく、ほとんどが炭水化物なのである。それはなぜだろう。

タンパク質は植物の体を作る基本的な物質だから、種子だけではなく、親の植物にとっても重要な栄養である。また、脂質はエネルギー量が大きい代わりに、脂質を作りだすときにはエネルギーを必要とする。つまり、タンパク質や脂質を種子に持たせるためには、親の植物に余裕がないとダメなのだ。

厳しい草原に生きるイネ科植物にそんな余裕はない。そのため、光合成で得ることができる炭水化物をそのまま種子に蓄え、芽生えは炭水化物をそのままエネルギー源として成長するというシンプルなライフスタイルを作り上げたのである。

それに草原は大型の植物と競争して伸びる必要もないし、むしろ大きくなっても、草食動物の餌食になるだけである。そのため、種子にタンパク質を蓄えたり、エネルギー量の大きい脂質を蓄える必要もなかったのである。

こうして、イネ科植物は種子に炭水化物を蓄えるようになった。この炭水化物こそが、人類にとって重要な食糧となったのである。

そして富が生まれた

イネ科植物は炭水化物を持つ。この炭水化物は、咀嚼すれば唾液の中の酵素の働きで糖となる。「糖」は、人間にとっては魅惑の甘味であり、甘味は人に陶酔感と幸福感をもたらす。

こうして、人類は穀物の虜（とりこ）になっていった。

農業は、安定して食糧を得る手段であるが、重労働を必要とする。人類は、安定した食糧を手に入れた代わりに、労働しなければならなくなったのである。

そして、農業が生みだすのは、単に食糧だけではない。

種子は食べるだけでなく、保存することができる。保存しておけば翌年の農業の元となるが、残った種子は、人類にある概念を認識させる。

それが「富」である。

人間の胃袋というものは大きさが決まっているから、一人が食べられる量には限度がある。大食漢の人も小食の人もいるだろうが、人間一人が食べる量に、そんなに差があるわけではない。どんなに欲深い人でも、お腹いっぱいになれば、それ以上食べることができない。

狩猟生活をしていれば、一人で大きな獲物を手に入れたとしても、とても食べきれるものではないし、欲張って独り占めしようとしても腐らせてしまうだけである。

それならば、たくさん獲れたときには人に分け与え、他人がたくさん獲ったときには、分けてもらった方がいい。冷蔵庫のない大昔は、食料は保存しておくことができないのだから、みんなで分かち合った方がいいし、その方が安定的に食べていくことができるのである。

どんなに強い人も、どんなに偉い人も胃袋の大きさは同じであり、食べることのできる量は同じである。食料の前では人々は平等なのだ。

植物の種子は、良い生育条件になるまで、植物が時期を待つためのものである。つまりはタイムカプセルのようなものだ。だから、植物の種子はすぐには腐らない。ずっと眠り続けたまま、腐ることなく生き続ける。それが種子である。

この種子の特徴は、人間にとっても都合が良い。

植物の種子は、そのときに食べなくても、将来の収穫を約束してくれるものである。保存できるものだから、たくさん持っていても困るものではない。

保存できるということは、分け与えることもできる。つまり、種子は単なる食糧にとどまらない。それは財産であり、分配できる富でもある。

そして富が生まれたのである。

後戻りできない道

胃袋に入る量には限界があるが、農業によって得られる富には歯止めがない。

農業をすればするほど、人々は富を得て、力を増していった。そして、富を得れば得るほど、人々はさらに富を求めて、農業を行った。

こうなるともう後戻りはできない。

農業は過酷な労働を必要とするが、一度農業を知ってしまった人類に、農業をやめてのんびり暮らすという選択肢はない。もはや誰もやめることができないのだ。

こうして農業によって人類は人口を増やし、村を作りだし、村を集めて強大な国を作るようになる。「富」を持つ者と持たない者には格差が生まれ、富を求めて、人々は争うようになった。

こうして、農業の魔力によって、人類は人類となっていくのである。

第2章

イネ——稲作文化が「日本」を作った

戦国時代の日本は、同じ島国のイギリスと比べて、
すでに六倍もの人口を擁していた。
その人口を支えたのが、「田んぼ」というシステムと、
「イネ」という作物である。

稲作以前の食べ物

狩猟採集の時代、日本人がデンプン源としていた食べ物は「Ｕｒｉ」と呼ばれていたとされている。

クリ（Ｋｕｒｉ）、クルミ（Ｋｕｒｕｍｉ）などの発音は、このＵｒｉに由来すると言われている。またユリの球根もデンプン源となった。このユリ（Ｙｕｒｉ）の発音も「Ｕｒｉ」に由来している。

日本に稲作が伝来する以前に、日本人が重要な食糧としていたものがサトイモである。

サトイモはタロと呼ばれて中国大陸から東南アジア、ミクロネシア、ポリネシア、オセアニアの太平洋地域一帯で現代でも広く主食として用いられている。日本にもかなり古い時代にこのタロイモが伝わり、タロイモ文化圏の一角を成していたと考えられている。

現在でも、かつてサトイモが主食となっていた痕跡は残されている。たとえば、お正月にはもちゴメで作った餅を食べるが、おせち料理やお雑煮にサトイモが欠かせないという地方も少なくない。あるいは、中秋の名月にはコメの粉で作った月見団子を供(そな)えるが、芋名月といってサトイモを供える風習も残っている。

また、納豆、餅、とろろ、なめこなど、外国人が苦手とするネバネバした食感を日本人が好むのは、サトイモに関する遠い記憶があるからだとさえ言われているのだ。

ところが、やがて日本にサトイモに代わる優れたデンプン源がやってくる。それが「うるち（Ｕｒｕｃｈ・ｉ）」である。食用のお米を表す「うるち米」という言葉も「Ｕｒ・ｉ」に由来すると言われている言葉なのである。

呉越の戦いが日本の稲作文化を作った!?

仲の悪い者同士や敵味方が、同じ場所や境遇にいることを「呉越同舟(ごえつどうしゅう)」という。この言葉の語源となったのが、中国の呉越の戦いである。

中国には北方に四大文明の一つである黄河文明があり、南方には四大文明に匹敵する規模と言われる長江文明が発達していた。黄河文明はダイズを生みだした文明であり、ダイズや麦作など畑作文化である。一方の長江文明は稲作文化を発達させていた。

紀元前五世紀のことである。気候は寒冷化し、北方に住んでいた黄河文明の人々は、農業に適した暖かな地域を目指して南進してきた。そして、北方の黄河文明の人々と、もともと南方に住んでいた長江文明の人々は、より良い場所を求めて移住するようになり、限られた土地を巡って争うようになるのである。

これが中国の春秋戦国時代から呉越の戦いへとつながっていくのである。

この争いに敗れた越の国の人々は、山岳地帯へと落ち延びた。そして、険しい山の中に棚田を拓いたのである。一方、海を渡った難民たちは日本列島に漂着した。当時の日本はすでにイネは伝わっていたと考えられているが、越の人々が伝えた稲作技術は、日本に稲作が広がる要因の一つになったと考えられている。それが、ちょうど縄文時代の後期から弥生時代初めのことである。

イネを受け入れなかった東日本

自然に恵まれた豊かな地域と、自然に恵まれない地域とでは、どちらで農業が発達するだろう。

恵まれた地域の方が、農業は発達しやすいように思うかもしれないが、そうではない。

すでに紹介したように、自然に恵まれた豊かな地域と、自然に恵まれない地域があった場合、農業が発達するのは後者である。

農業は安定した食糧と引き換えに、重労働を必要とする。農業をしなくても十分に食糧が得られるのであれば、農業をしない方が良いに決まっているのだ。

農業の起源はメソポタミアだと言われる。チグリス・ユーフラテス川周辺の「肥沃な三日月地帯」とは言われるが、周辺は乾燥した砂漠地帯である。砂漠に食べ物はほとんどないが、水を引き、作物を育てれば、食糧を得ることができる。そのためには厳しい労働もいとわないのだ。一方、近年まで狩猟採集の生活をしてきたような未開の地は、熱帯のジャングルや南の島に多い。自然が豊かで、森の果実や海の魚が豊富にとれるのであれば、何も農業などしなくても生きていくことができるのである。

日本に農業がもたらされたのは、縄文時代のことである。当時の農業は、狩猟採集を基礎として、サトイモなどを植えて、放置しておく半栽培が行われるくらいで、およそ農業と呼べるものではなかった。やがて、縄文時代の中期になると焼き畑などの原始的な農業が行われるようになった。本格的な農業と呼べるものは、縄文時代の後期から弥生時代にかけて稲作が日本に伝来してからのことである。

狩猟採集に依存していた縄文時代は貧しい時代であり、稲作によって豊かな弥生時代がもたらされたようなイメージもあるが、そうではない。

大陸から九州北部に伝えられた稲作は、急速に広まり、わずか半世紀の間に東海地方の西部にまで伝わったとされている。しかし、そこから東側には、なかなか広まっていかなかった。それは、縄文時代の東日本は稲作をしなくても良いほど豊かだったからである。

縄文時代中期の一〇〇キロ平方メートル当たりの人口密度は、西日本ではわずか一〇人未満であったのに対して、東日本では、その数十倍の一〇〇～三〇〇人であったと推計されている。豊かな落葉樹林が広がる東日本は、大勢の人口を養うのに十分な食料があったのである。人口を支える食料が不足する西日本では稲作は急速に広まったが、十分な食料がある地域では、労働を伴う農業は受け入れられなかったのだ。

農業の拡大

農業は重労働を伴う。重労働をしなくても食べていくことができるのであれば、その方がずっといい。しかし、縄文時代から弥生時代にかけて、ゆっくりと時間を掛けながらも、確実に農業は広まっていった。

どうして、食料の豊かな地域でも農業を受け入れたのだろうか。

農業によって人々が得たものは、単に食糧だけではなかった。

狩猟民族の世界では貧富の格差は起こりにくい。獲物を大量に獲っても、一人が食べることのできる量は決まっている。そのため、食べきれない分を仲間と分配するしかない。しかし、農業によって得られる穀物は、食べきれなくても貯蔵することができる。貯蔵できる食糧は「富」となる。こうして富を持つ人が現れ、貧富の格差が生まれるのである。

富を持つ人は権力を持ち、人々を集め、国力を高めていく。

また、農業を行うためには、水を引く灌漑（かんがい）の技術や、農耕のための道具が必要である。そのため、さまざまな技術が発展したのである。これらの技術は、戦うために砦を築き、武器を作る技術にもなる。

お腹を満たすための食糧とは異なり、「富」は蓄積することもできれば、奪い合うこともできる。攻めれば富を得ることもできるし、攻められれば富を奪われることもある。農業を行う人々は競い合って技術を発展させ、強い国づくりを行ったのである。

こうして農業は「富」を生みだし、強い「国」を生みだした。そして、技術に優れた農耕民族は、武力で狩猟採集の民族を制圧することができるようになったのである。

イネを選んだ日本人

イネは、他の穀類と比べても収量が多い。収量が多ければ、それだけコメが蓄えられ、富が蓄積される。

そして稲作はコメだけでなく、青銅器や鉄器といった最先端の技術をもたらした。こうした最先端の技術が人々を魅了し、稲作は受け入れられていったのかもしれない。

また、稲作に用いる土木技術や鉄器は、戦（いくさ）になれば軍事力となる。ときには武力で、稲作を行う集団が、稲作を行わない集団を圧倒することもあっただろう。

さらに、メソポタミア文明でもそうであったように、気候の変化は、人々が農業を選択する引き金となった。

約四千年前の縄文時代の後期になると、次第に地球の気温が下がり始めたことから、東日本の豊かな自然は大きく変化するようになった。これが、農業の始まりに影響を与えていることも指摘されている。東日本は豊かな食料に支えられて人口密度が高かったから、食料の不足は切実な問題となったことだろう。

こうして、時間を掛けながら日本人は稲作を受け入れていった。

農業は文明を発達させ、社会を発展させる。日本もまた安定した食糧の確保と引き換えに、農業という労働を行うようになり、それはやがて富の不平等を生み、力の差を生み、国が形作られるという日本の歴史が始まるのである。

コメは栄養価に優れている

イネは元をたどれば東南アジアを原産とする外来の植物である。しかし、今ではコメは日本人の主食であり、神事や季節行事とも深く結びついている。日本の文化や日本人のアイデンティティの礎（いしずえ）は稲作にあると言われるほど、日本では重要な作物となっているのだ。どうしてイネは日本人にとってこれほどまでに重要な存在となったのだろうか。

コメは東南アジアなどでも盛んに作られているが、数ある作物のうちの一つでしかない。食べ物の豊富な熱帯地域では、イネの重要性はそれほど高くないのである。

日本列島は東南アジアから広まったイネの栽培の北限にあたる。

イネはムギなどの他の作物に比べて極めて生産性の高い作物である。イネは一粒の種もみから七〇〇～一〇〇〇粒のコメがとれる。これは他の作物と比べて驚異的な生産力である。

十五世紀のヨーロッパでは、コムギの種子を蒔（ま）いた量に対して、収穫できた量はわずか三～五倍だった。これに対して十七世紀の江戸時代の日本では、種子の量に対して二〇～三〇倍もの収量があり、イネは極めて生産効率が良い作物だったのである。現在でもイネは一一〇～一四〇倍もの収量があるのに対して、コムギは二〇倍前後の収量しかない。

さらにコメは栄養価に優れている。炭水化物だけでなく、良質のタンパク質を多く含む。さらにはミネラルやビタミンも豊富で栄養バランスも優れている。そのため、とにかくコメさえ食べていれば良かった。

唯一足りない栄養素は、アミノ酸のリジンである。ところが、そのリジンを豊富に含んでいるのがダイズである。そのため、コメとダイズを組み合わせることで完全栄養食になる。ご飯と味噌汁という日本食の組み合わせは、栄養学的にも理にかなったものなのだ。かくしてコメは日本人の主食として位置づけられたのである。

一方、パンやパスタの原料となるコムギは、それだけで栄養バランスを満たすことはできない。コムギだけではタンパク質が不足するので、どうしても肉類などを食べる必要がある。そのため、コムギは主食ではなく、多くの食材の一つとして位置づけられているのである。

稲作に適した日本列島

さらに日本列島はイネの栽培を行うのに恵まれた条件が揃っている。

イネを栽培するには大量の水を必要とするが、幸いなことに日本は雨が多い。

日本の降水量は年平均で約一七〇〇ミリであるが、これは世界の平均降水量の二倍以上である。日本にも水不足がないわけではないが、世界には乾燥地帯や砂漠地帯が多いことを考えれば、水資源に恵まれた国なのである。

日本は、モンスーンアジアという気候帯に位置している。モンスーンというのは季節風のことである。アジアの南のインドから東南アジア、中国南部から日本にかけては、モンスーンの影響を受けて雨が多く降る。この地域をモンスーンアジアと呼んでいるのだ。

五月頃にアジア大陸が温められて低気圧が発生すると、インド洋の上空の高気圧から大陸に向かって風が吹き付ける。これがモンスーンである。モンスーンは、大陸のヒマラヤ山脈にぶつかると東に進路を変えていく。この湿ったモンスーンが雨を降らせる。

そのため、アジア各地はこの時期に雨期となる。そして、日本列島では梅雨になるのである。

こうして作られた高温多湿な夏の気候は、イネの栽培に適している。

それだけではない。冬になれば、大陸から北西の風が吹き付ける。大陸から吹いてきた風は、日本列島の山脈にぶつかって雲となり、日本海側に大量の雪を降らせる。大雪は、植物の生育に適しているとは言えないが、春になれば雪解け水が川となり、潤沢な水で大地を潤す。

こうして、日本は世界でも稀な水の豊かな国土を有しているのである。

田んぼを作る

もっとも、雨が多ければイネは栽培できるというほど単純ではない。イネを栽培するためには、水をためる田んぼを作らなければならないのだ。ところが、これが簡単ではなかった。

日本の地形は山が急峻であることで特徴づけられる。山に降った雨は一気に平野へ流れ込み、増水してあちらこちらで水害を起こす。そのため、日本の平野部は人の住めないような湿地帯が広がっていたのである。そうかといって高台に住んでいれば、雨水は一気に流れ去ってしまうから、田んぼに使う水を確保できない。雨が多くても、実際に田んぼを拓き、イネを栽培することは簡単ではなかったのである。

田んぼを作るには、山から流れる川の水を引き込んで、田んぼの隅々にまで行き渡らせることが必要である。こうして、大きな川から小さな川を引き、小さな川から田んぼに水を行き渡らせて、田んぼに水をためることによって、山に降った雨は一気に海に流れ込むことなく、地面を潤しながらゆっくりと流れるようになったのだ。

途方もない労力と時間を掛けて、人々は川の氾濫原を田んぼに変えていった。日本の国土にとって、田んぼを作る歴史は、激しい水の流れをコントロールすることに他ならなかったのである。

「田んぼにはダムの役割がある」と言われるが、それは単に水をためているからではなく、急な河川の流れをなだらかにして、ゆっくりと流れながら大地を潤し、地下水を涵養することから、そう言われているのである。

私たち日本人にとって田んぼという風景は当たり前すぎて、田んぼしかないところは「何もない」と表現されてしまう。そして、田んぼが埋め立てられてコンビニでもできれば、「何もなかったところに店ができた」と言われてしまう。しかし、そこに田んぼがあるということは、血のにじむような先人たちの努力があったということなのである。

田んぼの歴史

日本の歴史を見ると、もともと田んぼは谷筋や山のふもとに拓かれることが多かった。それらの地形では山からの伏流水が流れ出てくる。やがてその水を引いて、山のふもとの扇状地や盆地に田んぼが拓かれていく。それでも田んぼは、限られた恵まれた地形でしか作ることができなかったのだ。

田んぼの面積が増加してくるのは、戦国時代のことである。

もともと戦国武将の多くは、広々とした平野ではなく、山に挟まれた谷間や、山に囲まれた盆地に拠点を置き、城を築いた。これは防衛上の意味もあるが、じつは山に近いところこそが、豊かなコメの稔(みの)りをもたらす戦国時代の穀倉地帯だったのである。

多くの地域ではイネを作ることはできず、麦類やソバを作り、ヒエやアワなどの雑穀を作るしかなかった。そして、限られた穀倉地帯を巡って、戦国武将たちは戦いを繰り広げたのである。

石高を競う戦国武将は、戦いによって隣国を奪って領地を広げれば、石高を上げることはできる。しかし、戦国時代も終盤になり、国境が定まってくると、領地を増やすこともままならない。ただ、石高は領地の面積ではなく、コメの生産量である。領地は増えなくても、田んぼが増え、コメの生産量が増えれば、自らの力を強めることができるのである。そこで戦国武将たちは、各地で新たな水田を開発していく。

戦国時代には各地に山城が造られた。堀を造り、土塁を築き、石垣を組んで、城を造る。こうした土木技術の発達によって、これまで田んぼを作ることができなかった山間部にも水田を拓くことが可能になったのである。こうして作られたのが「棚田」である。

戦国時代から江戸時代の初めに掛けては、全国で棚田が築かれている。堀を造る技術によって水路を引くことができるようになり、また、土塁を築く技術で畦(あぜ)を作り、傾斜地に水をためることができるようになった。そして、石垣を組むことで強固な田んぼを作ることができたのである。中には城の石垣の武者返しのように、上にいくほど垂直になるように組まれているものさえある。武者返しのようにすることで、石垣の上の田んぼの面積を少しでも広くしようとしているのである。

また、河川に土手を造り、洪水を防ぎ、かつての洪水地帯を水田に変えて、水の供給のために人工河川を造ったのである。

どうしてコメが大切なのか

どうして戦国武将たちは、こんなに熱心に水田づくりを奨励したのだろうか。

じつは「コメ」は単なる食糧ではなく、「貨幣」そのものであった。田んぼを拓き、コメを作ることは、まさにお金を生みだすことと同じだったのだ。そして、領内に田んぼを持つことは、経済力を持つことであり、それは兵力に直結した。現在で言えば、「お金」を意味するコメを生みだす田んぼを作るということは、投資効果のあることだったのである。

だから、武将も領民もこぞって田んぼづくりに励んだ。

日本は古くは金の価値を基本とする金本位制であったが、経済活動が盛んになってくると、価値が高く希少な金では不都合が生じてきた。

そして金に代わって価値の基準となるものをコメとしたのだ。

お金を使い慣れている現代人にとっては、コメが貨幣の代わりというのは奇妙な感じもするが、紙幣は誰もが価値を信じているから一〇〇〇円や一万円のものと交換できるだけであって、冷静に考えてみればただの紙切れである。それに比べればコメは食糧である。金持ちも貧乏人も食糧がなければ死んでしまう。食べ物というのは普遍的な価値がある。

実際に戦後の混乱期には、戦時中に発行された札が、ただの紙切れとなり、食糧不足においてはコメの方が、貨幣や高価な着物よりもずっと価値が高かった。

戦国時代は貨幣が統一されておらず、地域によってさまざまな金銭が流通していた。価値が安定しておらず、混ざり物や偽物かもしれない小判よりも、コメの方がずっと信用できる。お腹が空くのは全国共通だからだ。

やがて、天下統一を進めていた織田信長や豊臣秀吉はコメ本位制を整備していった。そして、徳川幕府の時代にはコメ本位制が完成するのである。

江戸時代の新田開発

江戸時代になって平和な世が訪れると、大名たちはこぞって新田開発に乗り出した。なにしろ、もう武力による戦いによって領地を広げることはできない。限られた領地の中でコメの生産を増やすしかなかったのである。

一方、これまでは戦い続きで、田んぼを開発する余裕がなかったが、戦の心配をする必要がないから、金銭的にも労力的にもじっくりと新田開発に力を注ぐことができる。

そのため、各地で大規模な土木工事が行われ、新田が開発されるようになった。こうした大規模な土木工事によって開発されたのが、川の下流部に広がる広大な平野部分である。

それまでは河川が縦横に流れ、ヨシが生い茂る湿地が広がるばかりであった。泥の深い湿地は、とてもイネを栽培できるような場所ではなかったのである。

しかし土手を造り、河川の流れを制限して、その代わりに水路を整備していくことによって、何の価値もなかった広大な湿地は、田んぼに生まれ変わる。そして江戸幕府もまた関東平野の台地を拓き、沼を干拓して、大規模な水田を拓いていくのである。

江戸時代の元禄頃になると、耕地面積はおよそ二倍にまで増加した。まさに新田開発ブームである。なにしろ、大名の収入はコメで納められる年貢であった。つまり、田んぼでとれるコメは「貨幣」である。そのため、田んぼの面積を広げ、コメの収量を上げることは、まさにビッグマネーを生みだすビジネスだったのだ。

こうして、江戸時代の大名は広大な平野を開発して、田んぼにしていった。そして城を造り、城下町を整備していった。こうして地域の中心地は、山に囲まれた山間部から、広々とした平野部へと移っていくのである。現代人が住む平野の多くは、江戸時代に田んぼとして開発されたものなのである。

コメが貨幣になった理由

江戸時代にはコメが貨幣として機能する経済が確立した。コメ本位制である。

コメは日本人の主食ではあるが、他に食べ物はいくらでもあるから、コメがなければ死んでしまうというほどのものではない。それでも他の食べ物ではなく、コメが貨幣として利用されたのは、長期間の保存が利き、長距離の運搬が可能だからである。

さらに、コメ本位制には良い面もある。経済が発展したとはいっても自然災害や飢饉が起こる江戸時代のことである。経済活動が、あまりに貨幣や金に重きを置いてしまうと、お金はあっても人々が飢えてしまうということも起こりうる。一方、コメが経済の中心であれば、諸藩は経済を活性化させるために、食糧増産に取り組むことになる。こうして安定的な経済基盤と安定した食糧供給体制を築こうとしたのである。

しかし、次々に田んぼを作っていくことは、無制限に貨幣を印刷しているのと同じことである。諸藩が新田開発を行ってコメが大量に生産されることにより、やがてコメ本位制の経済は不安定になっていく。

年貢高は、検地によって定められていた。しかし新田の開発や、農業技術の発達によってコメの収量が増えると、実質的に年貢として納める割合は減少していくことになる。こうして農民にも余裕が生じ、元禄文化の繁栄がもたらされるのである。

しかし、バブルはやがて弾ける。

さらにコメの生産量が増加して、コメが余り始めるとコメの価値が減少し、コメの価格は下がる一方で、コメ以外のものは物価が高くなる。つまりインフレが起こってしまうのである。

そこで、コメ将軍と呼ばれた八代将軍、徳川吉宗はコメの価格を上げるために享保の改革を行い、経済の立て直しを迫(せま)られるのである。

なぜ日本は人口密度が高いのか

徳川家康が描いた都市計画を基礎として造られた江戸の町は、後に人口一〇〇万人の世界最大の都市に発展する。当時、ロンドンやパリは四〇万人程度の都市だったから、江戸は飛びぬけて巨大な都市だったのである。

現在でも東京は都市圏の人口が三五〇〇万人を超える世界最大の都市である。しかし、人口が多いということは、それだけ過密な都市だったということでもある。

東京だけでなく、ヨーロッパと比べると日本は過密だというイメージがある。ヨーロッパを旅すると広々とした田園風景を楽しむことができる。それに比べると、日本はどこへ旅しても所狭しと家が建っていて、ごちゃごちゃしている感じがする。

ヨーロッパの田園風景を見ると、広々とした畑が一面に広がっていて、村ははるか遠くにしか見えない。しかし、考えてみると、村民が暮らしていくのにこれだけの畑が必要だったということなのである。

一方日本は、江戸時代の村を見ても、隣村までの距離は近い。日本では、少ない農地で多くの人が食べていくことができたのである。

十六世紀の戦国時代の日本では、同じ島国のイギリスと比べて、すでに六倍もの人口を擁していたとされている。

それだけの人口を支えたのが「田んぼ」というシステムと「イネ」という作物である。

ヨーロッパでは、三圃式農業と呼ばれ、ジャガイモや豆類など夏作物を作る畑と、コムギを栽培する畑と、作物を作らずに畑を休ませるところの三つに分けて、ローテーションをして土地を利用した。こうして三年に一度は休ませないと、地力を維持することができなかった。コムギは三年に一度しか作ることができなかったのである。

これに対して日本の田んぼは毎年、イネを育てることができる。一般に作物は連作することができない。イネのように、毎年栽培することができるというのは、じつはすごいことなのである。しかも昔はイネを収穫した後に、コムギを栽培する二毛作を行った。ヨーロッパでは三年に一度しかコムギが栽培できないのに、日本では一年間にイネとコムギと両方、収穫することができたのである。

すでに紹介したように、イネは、作物の中でも際立って収量の多い作物である。収量を多くできないヨーロッパでは、広い面積で農業を行うしかなかった。一方、日本の田んぼは、手を掛ければ掛けるほど収量が多くなる。そのため、やみくもに面積を広げるよりも、手を掛けて稲作が行われたのである。

イネはもともと東南アジア産の作物であり、イネを栽培する地域は多い。しかし、温暖な地域は食べ物も多く、イネはたくさんある食べ物の一つに過ぎない。これに対して、日本はイネの栽培の北限地域である。日本人にとってイネは優れた作物であり、重要な食糧であった。日本人が古くから他の食べ物よりも「コメ」を大切にし、稲作中心文化を築いてきたのはそのためである。そして日本人は手を掛けてイネを栽培してきた。この手を掛ける稲作の技術が、協調性に富む一方で内向きだと言われる日本人の民族性を形成していくのである。

第3章 コショウ——ヨーロッパが羨望した黒い黄金

ヨーロッパでは家畜の肉が貴重な食料であったが、
肉は腐りやすいので保存できない。
香辛料は、「いつでも美味しい肉を食べる」という
贅沢な食生活を実現する魔法の薬だった。

金と同じ価値を持つ植物

その昔、コショウは金と同じ価値を持っていたと言われている。

教科書でそんな話を習ったときに、こんなものに、そんなに価値があるのかと思った覚えのある人も多いだろう。コショウは、今なら数百円で売っている手軽な調味料だ。

古来、ヨーロッパでは家畜の肉が貴重な食料であった。冷涼で乾燥した気候では、イネ科の草原が広がる。しかし、イネ科植物の茎や葉は人間の食糧とはならない。そこで、イネ科の植物を牧草として草食動物に食べさせて、動物の肉を食料とするのである。家畜は英語で「ライブストック」と言う。これは「生きた在庫」という意味である。

しかし、冬になると家畜に食べさせるエサがなくなってしまう。今では草を乳酸発酵させたサイレージや保存の利く穀物がエサとして用いられるが、草を刈って保存しておくことしかできない当時は、十分なエサを確保することができなかったのである。

そのため、冬になる前に家畜を殺して肉にした。しかし、肉は腐りやすいので、保存しておくことができない。それでも、冬の間は、その肉で食いつなぐしかなかった。そこで、乾燥させたり、塩漬けにしたりする他なかったのである。ところが、香辛料があれば肉を良質な状態で美味しく保存することができる。香辛料は、「いつでも美味しい肉を食べる」という贅沢な食生活を実現してくれる魔法の薬だったのである。

ところが、ヨーロッパの人々にとってコショウは、手に入りにくい高級品であった。コショウは南インド原産の熱帯植物なので、中東のアラブ地域やヨーロッパでは栽培することができない。そのため、インドから陸路ははるばる運ぶしか手に入れる方法はなかったのである。ゆえに、多額の輸送費が掛かるし、無事に運べるとは限らないから、どうしても高価になる。しかも、コショウがインドからヨーロッパに来るまでには、アラブ商人やベネチア商人を経由しなければならなかったし、通行税も課せられたから、価格は跳ね上がった。そのため、コショウは驚くほど高価だったのである。

コショウを求めて

十字軍が遠征すると、騎士たちはイスラム圏の食べ物を味わった。そこでは、コショウなどの香辛料が使われていたのである。

そして、十字軍がコショウなどの香辛料を母国に伝えると、中世のヨーロッパの人々は羨望（せんぼう）するようになった。

コショウなどの香辛料を、陸路を通ることなく、インドから海路で直接、ヨーロッパに持ち込むことができれば、莫大な利益が得られる。コショウが欲しいヨーロッパの人々は、誰しもそう考えたはずである。しかし、それはとうてい不可能な夢だった。

中世のヨーロッパの船乗りたちにとって、海とは主に地中海のことであった。

しかし、地中海の外側にあるポルトガルやスペインにとっては、地中海での貿易は難しい。そのため、地中海の外側に船を繰り出していった。それでも、アフリカ大陸の沿岸を航行するのが精いっぱいだったという。

アフリカの北西部にボジャドール岬という小さな岬がある。船乗りたちは、この小さな岬を越えることさえできなかったという。ヨーロッパの人々にとって、海の向こうの世界とは、一度越えれば生きては帰れない恐ろしい世界だったのである。

しかし、勇猛果敢なポルトガルのエンリケ航海王子の派遣した船団がその岬を進むと、そこには象牙や砂金などの価値ある交易品があった。そして、アフリカにはコショウに似た味のするマラゲッタペッパー（ギニアショウガ＝Aframomum melegueta）と呼ばれる植物もあったのである。マラゲッタペッパーはショウガ科の植物で、コショウ科のコショウとは別物であるが、香辛料としては十分に使えるものだった。後に、このマラゲッタペッパーの取引が行われた場所は「胡椒海岸」と呼ばれている。

そしてこの船団は、強靭（きょうじん）な肉体を持つ黒人も奴隷として連れ帰った。これが「大航海時代」の始まりであり、暗黒の歴史である奴隷貿易の始まりである。

やがてポルトガル国王の命を受けたバルトロメウ・ディアスの船団は、ついにアフリカ南端の喜望峰に達し、大西洋からインド洋への航路の可能性を発見する。ところが、その頃、ポルトガルにとってショッキングなニュースが飛び込んできた。それが、一四九二年にコロンブスがインドに到達したというニュースだったのである。ポルトガルに大航海時代の先を越されていたライバル国のスペインは、ポルトガルの東回り航路に対抗して、西回り航路を目指すコロンブスを援助したのである。

現在の私たちは、コロンブスが到達したのはインドではなく、アメリカの西インド諸島であったことを知っている。しかし当時は、コロンブスはインドに到達したと信じられていたのである。

世界を二分した二つの国

コロンブスが到達したのはインドではなかったが、そこは豊富な資源がある場所であった。そのため、ポルトガルやスペインは競って新大陸を探検し、次々に植民地化を進めていく。

コロンブスが新大陸に到達する以前から、ポルトガルとスペインは覇権を争い、船の到達先で紛争を繰り返していた。この度重なる紛争を解決するために、一四九四年にカトリック教皇によってスペインとポルトガルの間で交わされたのが、トルデシリャス条約である。

条約が結ばれたのは、コロンブスが新大陸に到達した二年後のことである。

この条約で大西洋に境界線が引かれ、西経46度37分の境界線より東側で発見された土地はすべてポルトガルが領有し、境界線の西側で発見された土地はすべてスペインが領有することになった。こうして、ポルトガルは支配を強めていたアフリカを手に入れ、スペインは発見されたばかりで未知の土地であったアメリカ大陸を手に入れることになる。こうして、ポルトガルとスペインは世界を二分して支配するようになったのである。

しかし、他のヨーロッパの国々からすると、これはおもしろくない裁定であった。そのため、オランダやイギリスがカトリックから離れてしまうきっかけにもなった事柄である。

その後、スペインはアメリカ大陸の植民地化を進めていった。

インカ帝国がスペイン人に征服されたのも、このときである。現在でも中南米の多くの国々はスペイン語を話す。ただし、南米のブラジルだけはポルトガル語である。ポルトガルの探検家が発見したブラジルは、境界線の東側にあった。そのため、ブラジルはポルトガルの植民地となったのである。

やがて、アメリカ大陸を制したスペインは、さらに西回りの航路でアジアへの到達を目指すのである。

そして、アメリカ大陸から太平洋を渡ったのがフェルディナンド・マゼランである。マゼランはポルトガル人であったが、スペイン王室の命を受けて太平洋を横断する。残念ながらマゼランは途中で命を落としてしまうが、彼の部下たちは、ついに世界一周を成し遂げるのである。

大国の凋落

コロンブスがアメリカに到達した六年後の一四九八年、ヴァスコ・ダ・ガマは、ついに東回り航路でインドに到達する。そして、ポルトガルはコショウを求めて、次々にインドへ向けて船を出すようになるのである。

しかし、富を得たポルトガルは次第に没落していく。

アフリカとの交易によって黒人奴隷が増えたことによって、ポルトガルの農民たちは次第に労働意欲を失い、生産力は低下していった。そして、富によって政治や貴族社会も腐敗していったのである。

他方、スペインから独立を果たしたオランダは、スペインの支配から逃れるために、財力を必要としていた。また、オランダは新教徒のプロテスタントであり、カトリックの国であるスペインから迫害を受ける恐れもあった。そのため、どうしても自力でアジアの香辛料が欲しかったのである。

ポルトガルは東回りでアジアへ向かう。スペインは西回りでアジアへ向かう。後れを取ったオランダやイギリスは第三の道を目指した。それが、北から中国へ入る北航路である。しかし、北極圏を通るような北航路は実現しなかった。また、イギリスは新しい航路を求めて探検を繰り返し、オーストラリアやハワイ諸島を発見する。

やがて、オランダは相手国と友好を結びながら、国交を広げていくようになった。

これには理由がある。スペインやポルトガルは自国の貿易の独占を守るために、白人はスペイン人とポルトガル人だけで、オランダ人は野蛮であるとアジアの諸国に伝えていた。そのため、悪評を払拭するためにオランダは現地の君主と友好を深めようと努めたのである。

また、乱暴な征服や強引な植民地支配により、スペインやポルトガルといった大国が瞬く間に凋落(ちょうらく)していくようすを目(ま)の当たりにしたオランダやイギリスは、ていねいな植民地支配を心掛けた。

やがて、イギリスはスペインの無敵艦隊を破り、オランダは東インド諸島でポルトガルを打ち破った。そして、世界の覇権はイギリスとオランダへと移っていったのである。

オランダの貿易支配

スペインによる貿易制限を受けていたオランダは、頼みの綱のポルトガルがスペインに併合されると香辛料の入手が困難になった。そのため、独自に香辛料を入手する必要があった。

しかし、複数の商社が競い合ってコショウを入手しようとしたため、現地でのコショウの価格は高騰した。さらに、オランダ国内では競い合ってコショウを売ったので、コショウの価格は下落した。そのため、オランダは複数の商社をまとめて大規模な会社を作り、貿易の権限を独占させた。それが東インド会社である。

ただし、コショウの価格が高かったのは、アジアからヨーロッパに運ぶのが大変だったからである。航海技術が進み、コショウが安定的にヨーロッパにもたらされるようになると、コショウの価値は次第に低下していった。特に産業革命が起こり、蒸気船が造られると、大量のコショウがヨーロッパに運ばれた。そして、コショウの価格は下落したのである。

コショウは肉を保存するために必要なものであった。しかし、贅沢な食生活をする貴族であれば、金さえ出せばいつでも新鮮な肉を食べることもできる。じつは、コショウは実用的な保存料というだけではなく、むしろステータスを表すシンボル的な存在だったのだ。さらにコショウに代わる香辛料も、さまざまな種類がヨーロッパに持ち込まれるようになった。

そのため、かつては金と同じと言われたコショウの価格は、急激に下がっていった。そこで、東インド会社はある交易品に目をつける。それが後ほど紹介する「チャ」である。

熱帯に香辛料が多い理由

丁子（ちょうじ）（クローブ）、シナモン、ナツメグ、ジンジャーなど、ヨーロッパの人々がインドに求めた香辛料はコショウだけではない。

それにしても、どうしてヨーロッパの人々に必要な香辛料がヨーロッパにはなく、遠く離れたインドに豊富にあったのだろうか。

香辛料が持つ辛味成分は、もともとは植物が病原菌や害虫から身を守るために蓄えているものである。冷涼なヨーロッパでは害虫が少ない。

一方、気温が高い熱帯地域や湿度が高いモンスーンアジアでは病原菌や害虫が多い。そのため、植物も辛味成分などを備えている。

日本の南蛮貿易

トルデシリャス条約でポルトガルとスペインは世界を二分したが、この条約には問題があった。

一五二二年にマゼラン艦隊が世界周航に成功すると、「地球が丸い」ということが実感されるようになった。境界線の東側がポルトガル、西側がスペインと分けても、東に向かっても、西へ向かっても地球の裏側でぶつかってしまう。地球の裏側では、この境界線はどこに引かれるのだろうか。

そこで、一五二九年にアジアに境界線を引いたのがサラゴサ条約である。このとき引かれた境界線は、ちょうど日本が境目にある。つまり、ポルトガルにとってもスペインにとっても自分のもののように見える場所にあったのである。

それでは、日本の歴史を眺めてみることにしよう。

十六世紀に種子島に漂着して鉄砲を持ち込んだのは、どこの国の船だったろう。これはポルトガルの船である。

ヨーロッパから東回りでアジアへの航路を開き、アジア各国を訪れたのはポルトガルが最初だった。そのため、ポルトガル船が最初に日本にやってきたのである。戦国時代に日本で布教活動をしたルイス・フロイスはポルトガル人であるし、フランシスコ・ザビエルもポルトガル王の命を受けてインドで布教活動をしていた宣教師である。そして、織田信長や豊臣秀吉と南蛮貿易を行ったのもポルトガルであった。

その後、スペインはアメリカ大陸を経由した西回りの航路で日本にやってくる。西回りにアメリカ大陸からアジアに来ることは可能になっても、貿易風は東から西へと吹いているため、インドから東へ向かってスペインに行くことは現実的ではなかった。そこで、偏西風に乗り、日本海流に乗ってアメリカに渡る航路が発見されたのである。

織田信長、豊臣秀吉に次いで日本の覇者となった徳川家康は、スペインとの交易を進めた。しかし、オランダは「スペインが日本を侵略しようとしている」と報告し、幕府はスペインと国交断絶する。そこで、スペインは仙台藩の伊達政宗と手を結び、慶長遣欧使節団をスペイン国王のもとへと派遣するのである。

その後、江戸幕府が出島で交易したのはオランダだった。幕府の立場では、貿易はしたいが、キリスト教の布教は禁止したかった。その点、オランダはプロテスタントであったため、ポルトガルやスペインのカトリック教徒のように布教活動を行っていなかったのである。

第4章 トウガラシ――コロンブスの苦悩とアジアの熱狂

コロンブスは、アメリカ大陸で発見したトウガラシを、
「ペッパー(コショウ)」と呼ぶのである。
しかし、彼は本当にコショウの味を知らなかったのだろうか。
これには彼の苦悩が隠されている。

コロンブスの苦悩

コショウは、英語でペッパーと言う。

これに対して、トウガラシは英語で「ホットペッパー（辛いコショウ）」や「レッドペッパー（赤いコショウ）」と言う。また、トウガラシを改良したピーマンは「スイートペッパー（甘いコショウ）」と言う。

そもそもコショウとトウガラシは、似ても似つかないまったく別の植物である。コショウは、コショウ科のつる性の植物である。これに対してトウガラシは、ナスやトマトと同じナス科の植物なのである。

コショウとトウガラシの味が似ているかというと、そんなことはない。コショウは、スパイシーでピリ辛な感じがするが、一方のトウガラシは火を噴くような辛さである。

コショウとトウガラシはまったく違うのに、どういうわけか、トウガラシはコショウの一種であるかのように呼ばれているのである。

まったく違う種類であるコショウとトウガラシが、どうして同じように扱われているのだろうか。

もしかすると、これにはアメリカ大陸に到達したコロンブスの苦悩が隠されているのかもしれない。

アメリカ大陸に到達

インドを目指してスペインを出発し、大西洋を航海したイタリア生まれの探検家コロンブス。彼は、インドにたどりつくことはできなかったが、その代わりに一四九二年にアメリカ大陸に到達した。

ところが、コロンブスは自分がたどりついたところをインドだと勘違いしたと言われている。そのため、アメリカ大陸にいた先住民は、インド人という意味でインディアンと呼ばれている。また、カリブ海に浮かぶ島々は、西インド諸島と名付けられたのである。

世界の地図を知っている現代の私たちからすれば、アメリカ大陸をインドと間違えるなどというのは、とんでもないことのように思える。しかし、当時は大西洋を西へ進めばインドに到達するはずだと考えられていた。しかも、当時のヨーロッパの人々にとってインドというのはまったくの未知の土地である。コロンブスが最初に到達した陸地をインドだと勘違いしたとしても、なんら不思議はないのだ。

ところが、コロンブスの勘違いはこれにとどまらなかった。

コロンブスの航海の目的は、インドからスペインへ、コショウを直接運ぶ航路を見つけることにあった。当時、肉を保存するために不可欠なコショウはアジア各地からインドに集められ、アラビア商人たちの手でヨーロッパに運ばれていた。そして、アラビア商人たちが独占するコショウは、金と同じ価値を持つと言われるほど高価なものだったのである。

そしてコロンブスは、アメリカ大陸で発見したトウガラシを、あろうことかコショウを意味する「ペッパー」と呼ぶのである。

コショウは熱帯産の植物だから、コショウという植物を知らなかったのは無理もない。実際に、コショウが手軽な調味料である現在であっても、コショウがアサガオのようにつるで伸びる植物であることを知る人は少ないだろう。

しかし、である。

コショウを求めて航海に出掛けたコロンブスが、コショウの味を知らなかったのだろうか。

もしかすると……と勘繰ると、これはコロンブスが意図的に間違えていたのかもしれないとも思える。

大西洋を西へ進めばインドにたどりつけるのではないかと考えたのは、なにもコロンブスだけではなかった。しかし、本格的な探検には莫大な資金を必要とする。そこで、コロンブスはスペインのイサベル女王を説得して、多額の資金援助を約束させたのである。

コロンブスがイサベル女王を説得するために使ったのが、新航路による香辛料貿易の膨大な富と、黄金の国ジパングだったのだ。

こんな大風呂敷を広げて資金援助を受けているのだから、いまさらインドにたどりつけなかったなどと言えるはずがない。そのために、彼はトウガラシを「ペッパー」と言い張ったのかもしれない。そしてコロンブスは、アメリカ大陸到達の後も自分が到達した場所がインドであると主張し続け、黄金の国ジパングを探し続けるかのように、死ぬまでアメリカ大陸の探検を続けたのである。

こうしてコロンブスによってトウガラシはヨーロッパにもたらされた。しかし、残念ながら、コロンブスが苦労して持ち帰ったトウガラシはあまりにも辛味が強く、コショウとは風味が異なることから、コショウの代わりとは認められなかった。ヨーロッパの人々はトウガラシを受け入れようとしなかったのである。

アジアに広まったトウガラシ

世界の覇権を争っていたスペインとポルトガルは、トルデシリャス条約によって、境界線の東側のアフリカをポルトガルが支配し、境界線の西側のアメリカ大陸をスペインが支配することとなった。こうして、アメリカ大陸はスペインによって植民地化が進んでいくのである。

アメリカ大陸の支配から締め出されたポルトガルだったが、一四九八年にヴァスコ・ダ・ガマがポルトガル王の命令により、アフリカ喜望峰回りのインド航路を開拓すると、アフリカからアジアへと交易を進めていった。

ところが一五〇〇年に、ポルトガル人のカブラルが、南アメリカの東岸に到達する。現在はブラジルの一部であるこの土地は、スペインとの境界線よりも東にある土地であった。そのため、ブラジルはポルトガル領となったのである。

それにしても、境界線の東側を支配するはずだったポルトガルの船乗りが、どうしてアメリカ大陸で新たな土地に到達したのだろうか。彼は東回りでインドを目指していたものの海流に流されたと記録されているが、真相は明らかではない。

いずれにしても、こうしてポルトガルはアメリカ大陸に土地を持つことに成功した。そしてポルトガル人たちはアメリカ大陸原産の植物であるトウガラシと出合ったのである。

ヨーロッパ人に受け入れられなかったトウガラシではあるが、船乗りたちにとってトウガラシは役に立つ植物であった。当時の船乗りたちを悩ませていた壊血病は、ビタミンC不足が原因であった。そのため、ビタミンCを多く含むトウガラシは、長い航海には欠かせないものとして船に積まれていたのである。

そして、ポルトガルの交易ルートによって、トウガラシはアフリカやアジアへと伝えられていった。

ヨーロッパの人々には好まれなかったトウガラシであるが、アフリカやアジアでは急速に食卓に取り入れられていったのだ。

辛味のあるトウガラシは、害虫の繁殖などを防ぎ、食材や料理の保存に便利である。しかも、暑さの厳しいアフリカやアジアの国々では、暑さで減退する食欲を増進させるために、さまざまな香辛料が用いられていた。そのため、トウガラシは数ある香辛料の一つとして、無理なく受け入れられたのである。

香辛料の一つとして取り入れられたトウガラシではあったが、やがてはコショウなどの他の香辛料を圧倒して、主要な地位を確かなものにしていく。

インドのカレーはもともとコショウなどの香辛料を使っていた。しかし、今ではトウガラシはカレーになくてはならないスパイスになっている。

タイ料理のグリーンカレーやトム・ヤム・クンに代表されるように、東南アジアでは料理にトウガラシをふんだんに使うのが特徴である。また、四川料理のように、中華料理も辛い味のものが少なくない。

栄養価が高く、発汗を促すトウガラシは、特に暑い地域での体力維持に適していたのである。

植物の魅惑の成分

それにしても、どうしてトウガラシはアジアの人々をこんなにも虜(とりこ)にしたのだろうか。

植物の中にはマリファナの原料となる大麻や、モルヒネやヘロインの原料になるケシのように中毒性のある成分を持つものがある。

麻薬だけではない。煙草の原料となるナス科のタバコは、ニコチンというアルカロイドを持っている。このニコチンも中毒性の高い物質である。

コーヒーや紅茶、ココアは世界の三大飲料と呼ばれていて、世界中の人々に愛されている。コーヒーはアカネ科のコーヒーノキの種子から作られる。また、紅茶はツバキ科のチャの葉から作られる。また、ココアはアオギリ科のカカオの種子から作られる。

この三大飲料には、共通して含まれている物質がある。それがカフェインである。カフェインはアルカロイドという毒性物質の一種で、もともとは植物が昆虫や動物の食害を防ぐための忌避(きひ)物質であると考えられている。このカフェインの化学構造は、ニコチンやモルヒネとよく似ていて、同じように神経を興奮させる作用がある。

このカフェインにも、タバコのニコチンと同じように依存性がある。つまり病み付きになってしまうのだ。他にいくらでも植物はあるのに、世界の人々が魅了されているのは、すべてカフェインを含む植物なのである。

カフェインが含まれているのは飲料ばかりではない。ココアと同じカカオの実から作られるチョコレートにもカフェインは含まれている。また、カカオと同じアオギリ科にはコーラと呼ばれる植物がある。このコーラの実がコーラ飲料の原料である。コーラもカフェインを含む植物である。

もちろん、麻薬は違法だが、コーヒーやコーラは適度に飲めば心身をリフレッシュして、英気を養ってくれる。しかし、多かれ少なかれ依存性のある成分が人間を魅了しているのである。

トウガラシの魔力

それでは、トウガラシはどうだろう。

トウガラシの辛味成分はカプサイシンである。このカプサイシンも、もともとは動物の食害を防ぐためのものである。ところが、人間がトウガラシを食べるとカプサイシンが内臓の神経に働きかけ、アドレナリンの分泌を促して、血行が良くなるという効果がある。

ところで、トウガラシを食べると辛さを感じるが、不思議なことに人間の味覚の中に「辛味」はない。

そもそも人間の味覚は、生きていく上で必要な情報を得るためのものである。たとえば苦味は毒を識別するためのものだし、酸味は腐ったものを識別するためのものである。また、甘味は、人間に進化する前のサルがエサとしていた果実の熟度を識別するためのものである。ところが、舌には辛味を感じる部分はないのだ。

それでは、私たちが感じるトウガラシの辛さはどこからくるのだろう。

じつはカプサイシンは舌を強く刺激し、それが痛覚となっている。つまり、カプサイシンの「辛さ」とは「痛さ」だったのである。そこで、私たちの体は痛みの元となるトウガラシを早く消化・分解しようと胃腸を活発化させる。トウガラシを食べると食欲が増進するのは、そのためなのである。

そして、カプサイシンを無毒化して排出しようと体の中のさまざまな機能が活性化され、血液の流れは速まり、発汗もする。

しかし、それだけではない。

カプサイシンによって体に異常を来(きた)したと感じた脳が、ついにはエンドルフィンまで分泌してしまうのである。

エンドルフィンは、脳内モルヒネとも呼ばれ、麻薬のモルヒネと同じような鎮痛作用があり、疲労や痛みを和らげる役割を果たしている。つまり、カプサイシンによる痛覚の刺激を受けた脳は、体が苦痛を感じて正常な状態にないと判断し、痛みを和らげるためにエンドルフィンを分泌するのである。そして結果的に私たちは陶酔感を覚え、忘れられない快楽を感じてしまう。

こうして、人々はトウガラシの虜になるのである。

コショウに置き換わったトウガラシ

じつは、コショウもトウガラシのカプサイシンと同じような辛味成分を持っている。

コショウの辛味成分であるピペリンという物質も、トウガラシのカプサイシンとよく似た化学物質で、カプサイシンと同じ効果を持つ。

かつてヨーロッパの人々は、金と同等の価値を持つほどコショウを珍重し、貴重品として扱っていた。それは単にコショウが希少だったというだけでなく、人々がコショウの辛さに魅了されていたからでもあったのだ。

トウガラシはコショウのおよそ一〇〇倍の辛さがある。辛ければ辛いほど人間の体はエンドルフィンを分泌し、人々は快楽を感じてしまう。そのため、香辛料を使い慣れていたアジアの国々でも、トウガラシが瞬く間に広まっていったのである。

不思議な赤い実

トウガラシは不思議な果実である。

植物の果実が赤くなるのは、鳥を呼び寄せて、果実を食べさせ、鳥に種子を運んでもらうためである。そのため、未熟な果実は緑色で苦い味がするのに対して、熟した果実は甘くなるのである。

ところが、である。

トウガラシは赤い色をしているのに甘くない。それどころか、食べられることを拒んでいるように辛いのである。実際に野生の動物は辛いトウガラシを食べない。

「赤い果実は甘い」――これが自然界で植物と鳥が交わした約束事である。

ところが、辛い食べ物がブームの現在では、スナック菓子やラーメンなど激辛の食品は、いかにも辛そうな赤色でデザインされている。今や赤い色は「甘い」よりも「辛い」を連想させる色になりつつあるのである。

トウガラシも他の果実と同じように、未熟なうちは緑色をしていて、熟すと赤くなる。つまり、トウガラシも「食べてほしい」というサインを出しているのである。

ただしトウガラシは、食べてもらう相手を選り好みしているようである。サルのような哺乳動物は、辛いトウガラシを食べることができない。しかし鳥は、トウガラシを平気で食べることができる。辛そうなトウガラシをやっても、ニワトリは喜んでついばむ。鳥はトウガラシの辛味成分であるカプサイシンを感じる受容体がないため、辛さを感じないのである。鳥にとっては、トウガラシもトマトやイチゴと同じように甘い果実に感じられるのだろう。

トウガラシは、種子を運んでもらうパートナーとして動物ではなく鳥を選んだ植物である。鳥は大空を飛び回るので、動物に比べて移動する距離が長く、より遠くまで種子を運ぶことができる。また、鳥は果実を丸飲みするので、動物のようにバリバリと種子を噛み砕くこともないし、動物に比べると消化管が短いので、種子は消化されずに無事に体内を通り抜けることができる。そのため、トウガラシは、動物に対しては忌避反応を起こさせるのに、鳥はまったく感じないという絶妙な防御物質を身につけたのである。

日本にやってきたトウガラシ

トウガラシは、アジア各地で料理に取り入れられていくだけでなく、栽培も広まっていった。同じ熱帯原産であってもコショウは栽培地域が熱帯に限られていたが、トウガラシは温帯地域でも栽培できるため、広い地域で栽培が可能だったのである。

そして、一四九二年にコロンブスがアメリカ大陸に到達してから、わずか半世紀の間に、トウガラシは極東の日本にまで到達するのである。

トウガラシは漢字では「唐辛子」と書く。つまり、中国から伝わった辛子という意味である。当時のポルトガル船は中国に寄港してから、日本にやってくることも多かった。そのため、そう名付けられたのである。

日本にやってきたポルトガル船は、さまざまな珍しい植物を日本に持ち込んだ。

その中には、アメリカ大陸から持ち込まれた作物も少なくない。

ジャガイモは、もともと「ジャガタラ芋」と呼ばれた。「ジャガタラ」というのは、現在のインドネシアのジャカルタのことである。ジャガイモは南米原産の作物だが、ジャカルタに寄港したオランダ船が持ち込んだことから、そう呼ばれているのだ。当時の船は、ジャガイモをたくさん積み込んで航海をしていた。ジャガイモは食糧になるだけでなく、ビタミンCを多く含むので、長い航海でのビタミンC不足によって起こる壊血病を予防できたのである（ジャガイモについては第5章を参照）。

中国の港から日本に持ち込まれたものも多かった。サツマイモは、薩摩国（現在の鹿児島県）から全国に広まったことから、そう呼ばれているが、九州ではもともと「唐芋」と呼ばれていた。これは中国から来た芋という意味である。しかし、サツマイモも元をたどれば中米原産の作物である。

トウモロコシも中米原産の作物であるが、唐から来たもろこし（雑穀）という意味で「唐もろこし」と名付けられた（トウモロコシについては第14章を参照）。

また、カボチャは別名を「南京」と言う。カボチャはアメリカ大陸原産の作物であるが、中国の港湾都市の名前が付けられている。

当時の日本の人々にとって、外国からやってきたものイコール中国からやってきた……という印象も強かったのだろう。

一方で、トウモロコシは「なんばん」と言うこともある。これは「南蛮」という意味である。また、トウガラシにも「ナンバン」という別名がある。これはトウガラシのことを「南蛮辛子」や「南蛮胡椒」と呼んだことに由来する。つまり、南蛮渡来ということなのだ。

日本でも各地でトウガラシは栽培されており、漬け物を漬けるときに入れたり、七味唐辛子のように調味料としても用いられてきた。

しかし、アジアやアフリカを魅了したトウガラシだが、不思議と日本の食卓ではそれほど広まらなかった。

日本には食材の鮮度を重視し、素材の味をいかに引き出すかという独特の食文化がある。そのため、辛味一辺倒で食材の味がわからなくなるトウガラシは、あまり必要とされなかったのである。

キムチとトウガラシ

隣国どうしである日本と韓国は、似たところがたくさんあるが、大きく違うことの一つは料理の辛さだろう。キムチやコチュジャンに代表されるように、韓国料理はトウガラシをたくさん使う。

日本では「唐辛子」と呼ぶのに対して、韓国の古い書物では「倭芥子」と記されている。つまり、韓国では逆に日本から伝わったとされているのである。

一説によると、十六世紀末の豊臣秀吉の朝鮮出兵（文禄・慶長の役）の際に、加藤清正の軍が毒薬に使ったり、足袋（たび）のつま先に霜焼け止めとして入れたりして持ち込んだのではないかとも言われている。

流行の服が、誰が最初でどのように広まったのかわからないように、トウガラシのようなものはさまざまな経路で持ち込まれて、移動しているから、伝播（でんぱ）経路は単純ではないのだろう。

もともと九州から韓国に持ち込まれたものが、韓国から日本の本州に逆輸入されることもあっただろう。トウガラシは朝鮮出兵の頃に日本全国に広まったことから、朝鮮に出兵した兵士たちが、九州の兵士が使用していたトウガラシをそれぞれの故郷に持ち帰ったのかもしれない。文化の伝播とはそういうものだ。

こうして日本と韓国に伝えられたトウガラシだが、日本とは異なり、韓国ではトウガラシの食文化が花開いた。

これにはある歴史上の事件が関係していると考えることができる。

鎌倉時代後期に、大陸から騎馬民族国家である元が大軍で押し寄せて、日本に侵攻した。「元寇」である。鎌倉武士の奮闘と、大嵐によって日本は元の侵略を退(しりぞ)けることができたと伝えられている。

しかし、そのときに朝鮮半島はすでに元の支配下にあった。

元は騎馬民族なので、肉を食べる。日本と同じように仏教で肉食を禁じられていた朝鮮半島だったが、元の支配下で肉食が習慣化したのである。

そういえば、今でも韓国料理と言えば、まずプルコギやカルビなどの肉料理である。

そのため韓国では、ヨーロッパと同じように肉を保存するために香辛料を必要としていた。そして、トウガラシがなくてはならないものとなったのである。

一方、元の侵略を免(まぬが)れた日本では、肉食は仏教で禁止されたままだったので、トウガラシは韓国ほどには広まらなかったのである。

アジアからヨーロッパへ

こうしてヨーロッパからアジアへと伝わったトウガラシだが、アジアでは瞬く間に広まっていき、ごく自然に現地の食事の中に取り入れられていった。そのため、アジアの人々にとってトウガラシは、外国から伝わった作物であるということさえ忘れられてしまうほどであった。アジアに行けば広く普及しているトウガラシは、ヨーロッパの人々にとっても、もはやアジアの香辛料の一つのように思われていた。実際にアジアから戻った船が、アジアで新しい香辛料を発見したとヨーロッパの人々に紹介したので、植物誌で「インドペッパー（インドのコショウ）」と呼ばれたことさえある。

高価なコショウを求めていたヨーロッパの人々にとって、新しい大陸の見慣れない植物よりも、アジアの香辛料こそが本物で価値あるものである。そのため、トウガラシもヨーロッパの人々に次第に広まっていった。

もっとも、トウガラシの辛さはヨーロッパの人々の舌には合わない。そのため、トウガラシの中でも辛味の少ない品種が選ばれ、育成されてヨーロッパに広まっていったのである。

ピーマンやパプリカはトウガラシの一種である。

緑色のピーマンは未熟な姿である。植物の果実は熟すと色づいて甘くなるが、未熟なうちは食べられないように苦味物質で身を守っている。ピーマンはこの苦味を楽しむ作物である。実際にピーマンも熟すと真っ赤になり、苦味も消えて甘くなる。

また、ピーマンの一種であるパプリカは熟した形で売られているので、色も鮮やかで甘い味がする。ちなみに「パプリカ」は、ハンガリー語で黒コショウを意味する言葉に由来している。コショウの記憶が残っているのである。

第5章 ジャガイモ

——大国アメリカを作った「悪魔の植物」

アイルランドでは突如としてジャガイモの疫病が大流行。
大飢饉によって食糧を失った人々は、
故郷を捨てて新天地のアメリカを目指す。
移住したアイルランド人の子孫の中から成功者が輩出された。

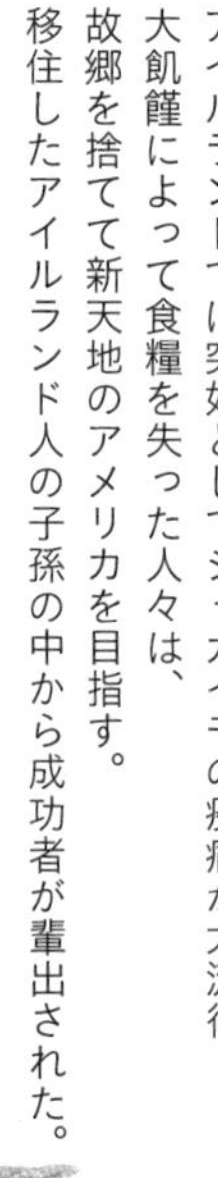

マリー・アントワネットが愛した花

「パンがなければお菓子を食べればいいじゃない」――飢餓の被害を聞いたマリー・アントワネットは、苦しむ国民を尻目に、そう言ってのけたという。そしてマリー・アントワネットは、ついには国民の怒りを買い、フランス革命で公開処刑のギロチンにかけられてしまう。

フランス革命の史実を元に描かれた漫画『ベルサイユのばら』では、マリー・アントワネットは、宮殿に咲く気高いバラにたとえられている。このマリー・アントワネットがこよなく愛した花があるという。

それは、漫画のタイトルになったバラの花でもなく、『ベルサイユのばら』が連載されていた雑誌の名称のマーガレットでもない。

彼女が愛した花は、ジャガイモの花だったという。

どうして、高貴な王妃であったマリー・アントワネットがジャガイモの花を愛したのだろう。これには深い理由があったのである。

見たこともない作物

ジャガイモの原産地は、南米のアンデス山地である。

コロンブスがアメリカ大陸に到達したことが、ジャガイモがヨーロッパに紹介されるきっかけとなった。ただし、コロンブスは沿岸部を探索していたため、コロンブス自身が山地で栽培されるジャガイモに出合うことはなかった。しかし、アメリカ大陸に到達以降、ヨーロッパの人々が南米を訪れるようになり、十六世紀にヨーロッパに持ち込まれたのである。

現代のヨーロッパ料理に、ジャガイモは欠かせない。土地がやせていて麦類しか作れなかったヨーロッパにとって、やせた土地でも育つジャガイモは、まさに救世主のような存在だった。今でもドイツ料理に代表されるように、ヨーロッパではジャガイモは欠かせない食材となっている。

しかし、見たことも聞いたこともないアメリカ大陸の作物が、簡単にヨーロッパの人々に受け入れられたわけではなかった。

もともとヨーロッパに「芋」はない。

芋は、雨期と乾期が明確な熱帯に多く見られるものである。雨期に葉を茂らせながら貯蔵物質を地面の下の芋に蓄えて、その芋で乾期を乗り越えようとしているのである。

たとえばジャガイモの原産地である南米のアンデス地域は標高が高く、冷涼な気候だが、気候区分は熱帯であり、雨期と乾期がある。また、サツマイモも熱帯性気候の中央アメリカが原産地である。日本人にもなじみの深いサトイモやコンニャクイモは東南アジアの原産であるし、ヤマイモ（ナガイモ）は中国南部の原産である。タピオカの原料としても有名なキャッサバも熱帯性気候の中南米の原産である。

一方、ヨーロッパの農耕地帯の地中海性気候では、冬に雨が降り、夏に乾燥する。そのため、植物は雨の降る冬の間に生育するものが多くなる。そういえば、地中海沿岸地域の主要な作物であるコムギも、秋に種子を蒔く冬作物である。そして、ダイコンやカブに見られるように、茎を伸ばさず地面の近くに葉だけを広げて光合成を行い、地面の下に貯蔵物質を蓄える根菜類が広まっていくのである。

そのため、ヨーロッパの人々はダイコンのような根菜類は知っていたが、ジャガイモのような芋類は見たことがなかったのである。

「悪魔の植物」

ジャガイモのことを知らないヨーロッパ人は、芋ではなく、ジャガイモの芽や葉、芋が緑に変色した部分を誤って食べてしまうこともあったという。これは大事件である。

ジャガイモの芽や葉、芋が緑色に変色した部分は、食べてはいけないと言われている。ジャガイモは、芋は無毒だが、これらの部分にはソラニンという毒が含まれるからである。ソラニンはめまいや嘔吐（おうと）などの中毒症状を引き起こす。成人の致死量はわずか四〇〇ミリグラムというから、かなりの強さの毒だ。

ジャガイモはナス科の植物だが、ナス科の植物には有毒なものが多い。

魔女が使ったとされる有毒植物のヒヨスやベラドンナ、マンドレイクはナス科の植物であるし、日本では幻覚で鬼を見ることから鬼見草の別名を持つハシリドコロもナス科である。また、ナス科のチョウセンアサガオやホオズキも有毒植物である。

ヨーロッパの人々の間で、ジャガイモの中毒症状が続くと、ジャガイモは有毒な植物であるというイメージが強まってしまった。

また、ジャガイモはそのゴツゴツとした醜い姿から、食べるとハンセン病になるというデマが流布されていた。

さらに、ジャガイモは「聖書に書かれていない植物」であった。聖書では、神は種子で増える植物を創ったとされている。ところが、ジャガイモは種子ではなく種芋で増える。ヨーロッパの人々にとって、種芋で増えるジャガイモは奇異な植物だったのだろう。西洋では、聖書に書かれていない植物は悪魔のものとされる。そして、ジャガイモは「悪魔の植物」というレッテルを貼られてしまったのである。

中世ヨーロッパは、魔女裁判などが盛んに行われた時代でもある。

そして、ついには悪魔の植物であるジャガイモも裁判に掛けられてしまうのである。世の中の生物は雌雄によって子孫を残す。しかし、ジャガイモは種芋だけで繁殖する。これが性的に不純とされて、ジャガイモは有罪判決となってしまうのである。その刑罰は、驚くなかれ「火あぶりの刑」である。直火でこんがり焼いたジャガイモからは、良い香りが漂ったような気もするが、人々はこれを見ても美味しそうだとは思わなかったのだろうか。

ジャガイモを広めろ

「悪魔の植物」と言われたジャガイモは、食用ではなく、珍しい観賞用植物として栽培されることが多かった。

しかし、アンデスのやせた土地で収穫できるジャガイモは、食糧として重要だと評価する識者たちもいた。しかも高地に育つジャガイモは、冷涼な気候のヨーロッパでも育てることのできる特殊な芋である。

そして、大凶作に苦しむヨーロッパでは、このジャガイモを普及させるための挑戦が始まるのである。さて、この悪魔の植物をどのようにして広めていけば良いのだろう。

ジャガイモを普及させようとしたのは、イギリスのエリザベス一世である。

エリザベス一世は、まず上流階級の間にジャガイモを広めようと、ジャガイモ・パーティを主催する。ところが、ジャガイモを知らないシェフたちが、ジャガイモの葉や茎を使って料理を作ったため、エリザベス一世はソラニン中毒になってしまった。

こうしてイギリスでは、ジャガイモは有毒な植物というイメージが強まり、ジャガイモの普及が遅れてしまうのである。

ドイツを支えたジャガイモ

冷涼な気候のドイツ北部地域にとって、飢饉を乗り越えることは大きな課題であった。しかも近隣諸国との紛争の多かった中世ヨーロッパでは、食糧の不足は国力や軍事力の低下を招く。そのため、ジャガイモの普及が重要な課題だったのである。

そこで、プロイセン王国（ドイツ北部）のフリードリッヒ二世は、ジャガイモの普及に取り組む。そして、人々が嫌うジャガイモを毎日のように自ら食べ、各地を回ってはジャガイモ普及のキャンペーンを展開したのである。また、いかにも大切なものであるかのように、軍隊にジャガイモ畑を警備させて、人々の興味を引かせた。そしてときには、武力で農民にジャガイモの栽培を強要したという。反抗する者には鼻と耳をそぎ落とす刑罰を与えたというから恐ろしい。しかし、この努力によってドイツには早い時期からジャガイモが普及することになるのである。

現在でもジャガイモは、ドイツ料理には欠かすことのできない存在である。

ジャーマンポテトの登場

日本の居酒屋でも定番のドイツ料理にジャーマンポテトがある。これはドイツの人々の呼び名ではなく、ドイツ以外の国の人々が「ドイツ風の料理」という意味で名付けたものである。地元の人々が「お好み焼き」や「焼きそば」と呼んでいるものを、よそ者が「広島焼き」や「富士宮焼きそば」と言うようなものだろう。

とはいえ、ジャーマンポテトに見られるジャガイモとソーセージやベーコンの組み合わせは、ドイツの家庭料理によく見られるものである。

ジャガイモは、単に人間の食糧となるだけではない。

ヨーロッパには牧畜の文化がある。しかし、寒冷で雪に閉ざされるドイツ北部では、冬になると家畜のエサとなる草がなくなってしまう。草が豊富になければ、ウシも十分な乳を出すことができない。そのため、蓄えた草で数少ない家畜を飼い、冬の間のタンパク源として夏の間に搾(しぼ)った牛乳から保存食のチーズを作るしかなかったのである。

ところが、ジャガイモは保存が利き、冬の間も食糧とすることができる。そして、豊富にとれたジャガイモを家畜のエサにすることもできたのである。

残念ながら、ウシはジャガイモを食べることができないが、ジャガイモをエサとして食べる家畜がいる。それが豚である。こうして豚のベーコンやハム、ソーセージもまた、ジャガイモとともにドイツの食卓を彩っていくのである。

そしてジャガイモは、それまで穀物を食べていたヨーロッパに肉食を広めていく要因にもなっていくのである。

ルイ一六世の策略

当時すでにヨーロッパの国々に広まっていたジャガイモだが、フランスにはなかなか広まらなかった。このフランスにジャガイモを広めた仕掛け人が、パルマンティエ男爵である。オーストリアとプロイセン王国（ドイツ北部）が七年戦争を行ったときに、ドイツの捕虜となったパルマンティエは、ドイツの重要な食糧となっていたジャガイモを食べて生き延びたのだ。

その後ヨーロッパが大飢饉に見舞われたとき、フランスはコムギに代わる救荒食(きゅうこう)を賞金付きで募集した。このときにパルマンティエがジャガイモの普及を提案したのである。

彼の提案どおり、ルイ一六世は、ボタン穴にジャガイモの花を飾った。そして、王妃のマリー・アントワネットにジャガイモの花飾りを着けさせて、ジャガイモを大いに宣伝したのである。その効果は絶大で、美しい観賞用の花としてジャガイモの栽培がフランス上流階級に広まり、王侯貴族は競って庭でジャガイモを栽培するようになった。

次に、ルイ一六世とパルマンティエ男爵は、国営農場にジャガイモを展示栽培させた。そして、「これはジャガイモといい、非常に美味で栄養に富むものである。王侯貴族が食べるものにつき、これを盗んで食べた者は厳罰に処す」とお触れを出して、大げさに見張りをつけた。

ジャガイモを庶民の間に普及させたいはずなのに、どうして独占するようなマネをしたのだろうか。じつはこれこそがルイ一六世らの巧みな策略だったのである。

国営農場は、昼間は大げさに警備したが、夜になると警備は手薄にした。そして、好奇心に駆られた人々は、深夜に畑に侵入し、次々にジャガイモを盗み出したのである。こうしてジャガイモは庶民の間にも広まっていった。

バラと散った王妃

悪名高いマリー・アントワネットと、その尻に敷かれていたというルイ一六世。贅沢三昧だった二人は、国民の怒りを買い、ついにはフランス革命で処刑されてしまう。しかし、最近の研究では、その悪評の多くは中傷やデマであり、マリー・アントワネットは本当は国民思いの優しい人物であったと彼女を再評価する動きが見られる。

冒頭の「パンがなければお菓子を食べればいいじゃない」という言葉も、実際にはマリー・アントワネットの言葉ではなく、ルイ一六世の叔母であるヴィクトワール内親王の言葉とされている。しかも、正確には「ブリオッシュを食べればいい」であり、現在では高級なパンであるブリオッシュも、当時はパンの半分の価格の食べ物だったとされている。

ルイ一六世やマリー・アントワネットがどのような人物だったのか、今となってはわからない。しかし、国民を飢饉から救うために、ジャガイモの普及に尽力した人物であることは明らかである。

歴史は勝者たちによって作られる。

そして、人々を飢えから救うためにジャガイモの花を愛した王妃は、ギロチン台でバラの花びらのように散っていったのである。

肉食の始まり

ヨーロッパ諸国に広まったジャガイモによって、ヨーロッパの国々は急速に国力を高めていく。それまでは寒冷な気候のために十分な食糧を得ることはできなかった。食糧を得るためには領土を拡大するしかない。戦争が続けば、畑は荒れて、ますます貧困や飢餓が広まった。

しかし、ジャガイモはコムギが育たないような寒冷な気候や、やせた土地でも、たくさんの芋を得ることができる。しかも畑が戦場となった場合、育っているのがコムギだと全滅することがあっても、土の中のジャガイモはいくらかの収量を得ることができる。

人々は飢えから救われ、食糧供給が安定したヨーロッパの国々では人口が増加していった。そして、この労働者の増加は、後の産業革命や工業化を下支えしていくのである。

それだけではない。

ジャガイモは、ヨーロッパの食生活に大きな影響を及ぼした。ジャガイモによってヨーロッパは肉食が可能になったのである。

ヨーロッパは牧畜文化圏ではあるが、安易に肉食を行えるような余裕はなかった。馬は馬車を引いたり、荷物を運ぶためのものであったし、ウシは鋤(すき)で畑を耕したり、農耕に利用した。牛乳を得ることはあっても、殺して肉にすることはできなかったのである。また、アジア原産のワタが伝わる以前のヨーロッパでは、衣服を作るために羊毛が重要であったから、ヒツジの肉も得られない。

しかし、先述のドイツがそうであったように、保存が利き、あり余るほど豊富に得られるジャガイモは豚のエサになる。それまでも豚を飼って肉にすることはできたが、春から秋まで豚を飼うことができても、冬の間のエサがなければ、たくさんの豚を飼うことはできない。そのため、わずかな豚の肉を塩漬けにするくらいでしか肉を食べる方法はなかったのである。

ところが、ジャガイモさえあれば、たくさんの豚を一年中飼育することができる。

さらにジャガイモが食糧となったことによって、それまで人間が食べていたオオムギやライムギなどの麦類をウシのエサにすることができた。

こうして、ヨーロッパの国々は冬の間も新鮮な豚肉や牛肉を食べられるようになった。そして、さまざまな肉料理が発達し、肉食文化の国となっていくのである。

大航海時代の必需品

ジャガイモはヨーロッパに十六世紀にもたらされ、その後、二百～三百年掛けてヨーロッパに広まっていった。

ところが、である。ジャガイモはすでに十六世紀の終わり頃には、東洋の島国である日本にまで伝わっていた。これは戦国時代の終わり頃のことである。

大航海時代にヨーロッパの国々は七つの海へ乗り出していったが、問題となるのが原因不明の壊血病であった。長い航海の途中で乗組員たちは皮膚や粘膜から出血し、鈍痛がひどくなって死に至るのである。

世界一周を果たしたポルトガルのフェルディナンド・マゼランの船隊は、二四〇人の船員のうち、無事に帰ることができたのはわずか一八人だったという。もちろん、長い航海でさまざまなことがあったが、壊血病もまたその大きな要因の一つだった。

また、南アフリカの喜望峰を回る航路を発見した同じくポルトガルのヴァスコ・ダ・ガマの船隊は、一八〇人の船員のうち、一〇〇人が壊血病で死亡したと言われている。

海上生活では野菜を食べることができないため、壊血病はビタミンC不足が原因であった。しかし、その原因が突き止められたのは、ビタミンCが発見された二十世紀になってからのことである。それまでは壊血病は原因不明の恐ろしい病気だったのである。

しかし、ジャガイモが航海食として用いられるようになると壊血病は少なくなった。ジャガイモはビタミンCを豊富に含むため、ジャガイモを食べると壊血病を防ぐことができるのである。しかもジャガイモは貯蔵性に優れている。

こうして海に乗り出す船は、ジャガイモをたくさん積み込んで航海に出掛けるようになった。ジャガイモによって安定した長い航海が可能になったのである。

そして、長期航海が可能になったヨーロッパの船は、はるか東方の日本にまで次々にやってくるようになったのである。ヨーロッパでなかなか普及しなかったジャガイモが、壊血病防止に有効だとされたのをきっかけに船に乗って遠く日本まで運ばれてきたのは、ごく当然のことだったのだ。

日本にジャガイモがやってきた

日本には、ジャガイモはオランダ船によって長崎に最初に持ち込まれた。このときに、オランダ船はインドネシアのジャガタラ（現在のジャカルタ）に寄港してから日本にやってきた。そのため、ジャガタラから来た芋という意味でジャガタライモと呼ばれるようになり、これが略されて「ジャガイモ」となったのである。

戦国時代から江戸時代の初めに掛けては、サツマイモやカボチャなど、南蛮渡来の珍しい作物が日本に持ち込まれた。これらの作物もジャガイモと同じようにアメリカ大陸原産で、コロンブスのアメリカ大陸到達以降に世界中に広まったものである。

しかし、サツマイモやカボチャが江戸時代に好んで栽培されたのに比べると、ジャガイモはあまり普及しなかった。サツマイモやカボチャは甘味があるが、ジャガイモは甘味が少なく味が淡白だ。それが日本人の口には合わなかったのである。

ジャガイモは味が淡白だが、肉の旨味と合わせると美味しくなる。ジャガイモが日本で普及するのは、明治になって肉食が行われて以降のことである。そして、カレーライスや肉じゃが、シチューなど、ジャガイモと肉を合わせた料理が日本でも食べられるようになるのである。

各地に残る在来のジャガイモ

静岡県の大井川上流の山間地に「おらんど」と呼ばれる、古くから栽培される在来のジャガイモがある。

「おらんど」は、オランダから来たことに由来している。この土地では、古い時代にオランダからやってきたジャガイモが、今も栽培され続けている。

江戸時代からのジャガイモは、他の地域でも残っており、宮崎県の「しょうのじゅ」、愛媛県の「地芋」、徳島県の「ごうしゅ芋」、奈良県の「どろがわ芋」、長野県の「二度芋」、山梨県の「富士種」、東京都の「おいねのつる芋」など、各地でさまざまなジャガイモが栽培されている。

この在来のジャガイモが存在している地域には共通点がある。じつは中央構造線に沿って栽培地域が分布しているのだ。中央構造線は九州から四国、近畿南部を通り、天竜川から赤石山脈を経て関東へとつながる、日本最大の断層である。不思議なことに、江戸時代からのジャガイモが栽培されている地域は、この中央構造線に沿って分布しているのである。

この中央構造線沿いは磁場が少ないとされていて、パワースポットも分布している。九州の阿蘇山や宇佐神宮、天岩戸(あまのいわと)神社、四国の石鎚山、近畿南部の高野山、伊勢神宮、中部地方の豊川稲荷、秋葉神社、諏訪大社、関東の鹿島神宮など、名だたるパワースポットがすべて中央構造線沿いに分布しているのである。

中央構造線付近は傾斜がきつく、断層破砕(はさい)帯や変成岩帯は、崩れやすい砂利の土質で、作物を育てるための表土が少ない。このように他の作物が作りにくい厳しい環境では、ジャガイモが重要な食糧とされたのである。また、標高の高い山間地の冷涼な気候が、アンデス山地原産のジャガイモの栽培に適していたこともあっただろう。

江戸時代の文献ではジャガイモはあまり評価されていないが、文献に残らないところで、山から山へとジャガイモが伝わっていったのである。

山梨県鳴沢（なるさわ）地域には、ジャガイモを使った「凍み芋（しみいも）」という伝統食がある。掘ったジャガイモを冬場、外に放置しておくと、夜に凍り、昼に解凍することを繰り返すことで、やわらかくなる。このやわらかくなった芋を自然乾燥させて、フリーズドライのようにして保存するのである。

驚くべきことに、この凍み芋は、原産地のアンデスの保存食「チューニョ」とまったく同じ作り方である。

アイルランドの悲劇

先述のようにイギリスではエリザベス一世がジャガイモのソラニン中毒になってしまったこともあり、危険な作物であるとされて、普及が遅れてしまった。イギリスにジャガイモが普及したのは十九世紀になってからのことである。しかし、北方のアイルランドでは荒涼とした土地で育つ貴重な作物として十七世紀頃から栽培が行われるようになり、十八世紀には主食となるまでに普及した。

ジャガイモのおかげで、十九世紀初めに三〇〇万人だったアイルランドの人口は、その後、八〇〇万人にまで増えたと言われている。

ところが、である。一八四〇年代に、アイルランドでは突如としてジャガイモの疫病が大流行し、不作となった。この頃には、アイルランドの食糧はジャガイモに完全に依存していた。そして、一〇〇万人にも及ぶ人々が餓死する大飢饉となってしまったのである。

その原因は、ジャガイモの増殖方法にあった。

ジャガイモは栄養繁殖系の作物なので、種芋を植えてどんどん増やすことができる。そこで、アイルランドでは収量の多い一つの品種を増やして国中で栽培したのである。ところが、一つの品種しかないということは、その品種がある病気に弱ければ、国中のジャガイモがその病気に弱いということになる。

そのため、疫病によってアイルランドの国中のジャガイモが全滅してしまう結果を招いてしまった。当時、すでに農薬は開発されていたが、それはワイン用のブドウのために開発されており、新しい作物であるジャガイモの疫病には、それらの農薬はまったく効果がなかったのである。

原産地の南米アンデス地方では、病気によってジャガイモが全滅しないように、複数の品種を混ぜて植えていた。いろいろな品種があれば、どんな病原菌に冒されても、いずれかの品種は生き残るのである。しかし、アイルランドでは土地から土地へとジャガイモが伝えられていくなかで、品種が選ばれ、限られた品種だけが栽培されるようになってしまったのだ。

もともとアイルランドは飢饉の多い場所ではあったが、すでにジャガイモに頼り切っていたアイルランドの人々にとって、ジャガイモの不作は致命的な出来事であった。

それでもイギリスの対応は冷たかった。当時のイギリスは、アイルランドを属国のように見なしていたのである。イギリスのアイルランドに対する対応を目の当たりにした人々は、イギリスに対して深い不信感を持った。

そして、この出来事は後にアイルランドの独立運動へとつながっていくのである。

故郷を捨てた人々とアメリカ

大飢饉によって食糧を失った人々は、故郷を捨てて、新天地のアメリカを目指さざるを得なかった。その数は一〇〇万人にも及ぶとされている。

十九世紀中頃〜後半のアメリカは、西部開拓が終わり、いよいよ本格的な工業化が始まろうとしている時期であった。そして、このとき移住した大勢のアイルランド人たちが、大量の労働者として、アメリカ合衆国の工業化や近代化を支えたのである。こうして国力を高めたアメリカ合衆国は、やがてイギリスを追い越して、世界一の工業国へと発展を遂げていく。

このアメリカに移住したアイルランド人の成功者の中に、J・F・ケネディ大統領の曾祖父にあたるパトリック・ケネディがいた。四十三歳という若さで、第三五代アメリカ合衆国大統領となったJ・F・ケネディは、月探査計画を推し進めた人物として知られている。もしアイルランドの飢饉がなかったら、人類初の月面着陸はなかったかもしれないのである。

ケネディ家は、ケネディ大統領以外にも著名な政治家や実業家を輩出したアメリカ合衆国の名門一族となっている。また、レーガン（第四〇代）やクリントン（第四二代)、オバマ（第四四代）など多くの大統領がアイルランド系だし、ディズニーランドを作ったウォルト・ディズニーやマクドナルドの創業者であるマクドナルド兄弟もアイルランド系だから、その影響は計り知れない。

歴史に「もし」はないが、ジャガイモの不作がなかったとしたら、超大国のアメリカ合衆国は現在とは別の姿になっていたはずなのである。

カレーライスの誕生

カレーというとインドを思い浮かべるが、カレーライスが最初に作られたのはイギリスである。

カレーの語源ははっきりしないが、タミル語（インド南部の言語）で野菜や肉などの具を意味する「カリ」という言葉に由来するとされている。また、「カリ」という言葉は、ご飯に掛けるソースを意味するという説もある。

インドを植民地としていたイギリスは、香辛料を使った料理を「カリー」と総称するようになり、インドのコメと香辛料を混ぜ合わせたマサラからカレーライスを作った。インド北部ではナンを食べ、南部ではコメを食べる。カレーをイギリスに紹介したヘイスティングス（後に初代ベンガル総督）は、コメを食べるベンガル地域に駐在していたため、コメとカレーシチューを組み合わせた料理として紹介された。イギリス人がご飯を食べるのは違和感があるかもしれないが、イギリスの人々にとってコメは主食というよりも野菜と同じ感覚である。コメにカレーシチューを掛けた「カレー&ライス」は、イギリスの人々にとって抵抗のないものだったのだろう。

やがて、イギリスではスパイスを組み合わせてカレー粉を開発した。このカレー粉の発明によって、カレーは簡易にできる料理になり、イギリスの船乗りたちは、日持ちのしない牛乳の代わりに保存性の高いカレーパウダーを利用してシチューを作った。このシチューに、航海食として欠かせなかったジャガイモが入れられたのである。

こうして、カレーライスはイギリス海軍の軍隊食となった。

インドでは、カレーはとろみがなく、スープ状である。しかし、イギリス海軍では船の揺れに対応するために、カレーにとろみをつけるようになったと言われている。

このとろみのあるカレーが、現在、私たち日本人が愛するカレーライスの原型なのである。

日本海軍の悩み

世界の船乗りを悩ませた壊血病であるが、不思議なことに日本海軍では大きな問題にならなかった。日本は野菜（のビタミン類）を漬け物で食していたことも一因であると考えられている。また、ダイズはビタミンCを含まないが、発芽させてモヤシにすると、ビタミンCを生産するようになる。このモヤシを食べる食文化が影響したとも言われている。

ところが、日本海軍では別の病気が問題となった。それが脚気（かっけ）である。

脚気は、当時は原因不明の謎の病気だった。脚気は、江戸で流行したことから「江戸患い（わずらい）」とも言われていた。地方から江戸に出てきた人々は、手足がむくんで麻痺し、倦怠感（けんたいかん）に襲われるという症状に悩まされたのである。ところが、この人々が江戸から地方へ療養に戻ると、この症状は不思議と治ってしまった。そのため、江戸患いは江戸の風土病であると考えられていたのである。

この江戸患いは、明治になると各地で広まった。特に軍隊ではこの病気にかかる人が多く、死者まで出たのである。この原因は病原菌だと考えられ、ドイツ留学から戻った新進気鋭の医学者、森林太郎は、この原因となる病原菌を探索したが、ついに見つけることはできなかった。

この森林太郎が、作家として著名な「森鷗外」である。

脚気は、現在ではビタミンB_1不足であることが明らかとなっている。徳川時代の江戸では、ビタミンの豊富な玄米ではなく、贅沢な白米を食べるようになっていた。それが江戸患いの原因だったのである。そして、全国で白米が食べられるようになると、脚気の被害も広まり、白米を常食する軍隊では被害が大きかったのである。

軍医の高木兼寛（たかきかねひろ）は、原因は不明であるものの西洋式の食事をとる上官は脚気が少ないことに気が付く。西洋料理では、ビタミンB_1を含む肉類やジャガイモを食べるため、脚気は問題にならなかったのである。

やがて、日本海軍では西洋式の料理を取り入れるようになり、やがてロシアに対抗して一九〇二年に日英同盟が結ばれると、イギリス海軍を見習って日本の軍隊でもカレーライスが食べられるようになった。その後、日露戦争が終わると、兵役を終えた兵士たちによってカレーライスは家庭へと普及していったのだ。

また、カレーライスの調味料をカレー粉から、身近な調味料である砂糖と醤油に変えると「肉じゃが」になる。今ではおふくろの味の代表である肉じゃがも、軍隊食から家庭へと普及していったのである。

第6章

トマト——世界の食を変えた赤すぎる果実

世界で六番目に多く栽培されている作物がトマトである。
アメリカ大陸由来の果実が、ヨーロッパを経てアジアに紹介されて
わずか数百年の間に、トマトは世界中の食文化を変えていった。

ジャガイモとトマトの運命

トマトも、ジャガイモと同じく、アンデス山脈周辺を原産地とする作物である。

さらに、トマトとジャガイモはどちらもナス科の植物であるという共通点もある。

主要なナス科の植物は、アメリカ大陸を原産地とするものが多い。

作物では、トマトやジャガイモの他、トウガラシやタバコもアメリカ大陸原産のナス科の植物である。また、園芸植物として盛んに栽培されているペチュニアも南米原産のナス科の植物である。

しかし、ジャガイモがアンデスの人々にとって重要な食糧であったのに対して、トマトが食料として用いられることはなかった。

トマトを栽培植物として利用していたのはメキシコのアステカの人々である。

時代を経て、トマトもまた、ジャガイモと同じようにコロンブスのアメリカ大陸到達後にヨーロッパに紹介された。

アメリカ大陸でトマトに最初に出合ったヨーロッパ人は、アステカ帝国を征服したエルナン・コルテスであると言われている。

こうしてアメリカ大陸で栽培されていたトマトは、十六世紀にはヨーロッパに紹介された。しかし、ヨーロッパにおいてジャガイモが重要な食糧として栽培されたのに対して、トマトは簡単に受け入れられることはなく、長く嫌われ者であった。ヨーロッパでトマトを食べるようになったのは十八世紀になってからのことである。驚くべきことに二百年もの間、トマトは食用とされなかったのである。

有毒植物として扱われたトマト

残念なことにヨーロッパではトマトは毒のある植物と考えられていたという。

トマトはナス科の植物である。ナス科は有毒植物が多い。

ヨーロッパでは「悪魔の草」と呼ばれて恐れられたベラドンナや、魔術に用いられたマンドレイクなどの有毒なナス科の植物がある。トマトは、見た目がこれらのナス科の植物に似ていることから嫌われたのである。

ジャガイモもヨーロッパに紹介されたときには毒草として避けられていたが、ジャガイモが貴重な食糧であると理解した人々の努力によって、次第に栽培が広まっていった。しかし、トマトには、ジャガイモのようにどうしても普及させなければならないほどの重要性は感じられなかったのである。

ジャガイモも芋が緑に変色した部分や芽、葉には毒があるが、それはソラニンという毒性物質ができるからである。芋も昔はえぐみがあったと考えられているが、食糧として利用されるうちに、えぐみのない芋へと改良されていったようである。

一方、トマトも毒があるのは茎や葉だけで、赤い実に毒はない。しかし、トマト独特の青臭さのようなものは残る。その青臭さも嫌われる理由だった。

赤すぎたトマト

真っ赤なトマトは、とても美味しそうに見える。

グリーンの野菜サラダも、赤いトマトを彩りとして添えると急に美味しそうに見えてくる。人間は赤い色を見ると、副交感神経が刺激されて、食欲が湧いてくるのである。

赤色は、甘く熟した果実の色である。

植物が果実をつけるのは、鳥などに食べさせるためだ。こうして、鳥に果肉と一緒に種子を食べさせる。そして、食べられた種子は、消化されることなく鳥の消化器官を通り抜け、糞に混じって外に排出される。この間に鳥は移動しているため、種子は遠くへ散布される。

森の果実を食べていた私たちの先祖であるサルにとっても、果実の色は重要だった。赤色は、美味しい果実の色なのである。哺乳類は赤色を認識することはできないが、サルの仲間だけが赤色を認識することができる。そして、私たちは赤色を見ると食欲がそそられるのである。

しかし、赤く色づくとはいっても、植物が持つ色素には、真っ赤な色素が少ない。たとえばブドウやブルーベリーなどはアントシアニンという紫色の色素を持っている。また、カキやミカンはカロチノイドという橙(だいだい)色の色素を持っている。こうして、果実は紫色や橙色の色素を使って、少しでも赤色に近づけようとしているのである。

リンゴは「真っ赤」というイメージがあるが、よく見ると真っ赤ではなく、赤紫色である。リンゴは紫色のアントシアニンと橙色のカロチノイドの二つの色素を巧みに組み合わせながら、赤い色を出しているのである。

これに対してトマトは「真っ赤」である。トマトはリコピンという真っ赤な色素を持っているのである。
ところが、ヨーロッパの人々は、それまで真っ赤な果実を見たことがなかった。そのため、この世のものとは思えない、鮮やかすぎる赤色を「毒々しい」と感じたのである。

ナポリタンの誕生

トマトは長い間、珍しい観賞用の植物として栽培されていた。トマトを食用としたのはイタリアのナポリ王国である。スペインがアメリカ大陸から珍しい植物であるトマトを持ち帰ったとき、まだイタリアという国は成立しておらず、ナポリ王国はスペイン領だったのである。

一説によると飢饉が起こり、背に腹は代えられずにトマトを食べたのが始まりであるとされている。

ナポリは、スパゲティを大量生産する技術を確立させた場所でもある。ここで大量生産されたスパゲティのソースとしてトマトが用いられるようになった。「ナポレターナ（ナポリ風）」と呼ばれるパスタ料理の誕生である。ちなみにトマトケチャップを絡ませるナポリタンスパゲティは、戦後に日本で考案された洋食メニューである。

ナポリでトマトソースが用いられるようになったとき、おそらくトマトは高級な食材ではなかったのだろう。トマトソースを絡ませたナポリのスパゲティは、屋台の大釜でゆでて労働者たちが手づかみで食べるような粗野な食べ物だったという。ナポリのスパゲティがいつ頃から食べられていたのか明らかではないが、十七世紀末にはすでに存在していたと言われている。

ナポリは、ピザの発祥の地としても知られている。ピザも、もともとは貧しい人々が小麦粉で作られた生地にトマトをのせて食べていたことに由来した。ピザもまた、屋台で売られるような食べ物だったのである。十八世紀頃の話である。

しかし、トマトソースはナポリでしか食べることができなかった。そのため、トマトソースを使った料理はナポレターナと呼ばれたのである。

そんな異国の植物であるトマトだが、今やイタリア料理にトマトは欠かせない。トマトはイタリアの食文化を大きく変えたのだ。

里帰りしたトマト

アメリカ大陸からヨーロッパへと紹介されたトマトが、次第に食用として広まっていくと、今度はイギリスからアメリカへと伝えられた。アメリカ大陸へと逆輸入されたのである。

ヨーロッパでは食用になりつつあるトマトだったが、アメリカでは未だ「毒がある」と忌(い)み嫌われていた。アメリカにトマトが普及したきっかけは、第三代大統領のトーマス・ジェファーソンであると言われている。ヨーロッパでトマトを食べていた彼は、毒草として恐れられていたジャガイモとトマトを人々の前で食べてみせたのである。

こうしてアメリカでも次第に受け入れられていったトマトは、ついに世界の食を変える調味料を生みだした。トマトケチャップである。

ケチャップは、元をたどれば古代中国で作られていた「茄醤(ケツイアプ)」という魚醤(ぎょしょう)だったと言われている。これが東南アジアに伝えられて「ケチャップ」と呼ばれるようになったのである。

アジアでケチャップの味を覚えたヨーロッパ人たちは、やがてさまざまな魚介類やキノコ類、果物を使ってケチャップの味を再現した。こうして作られた調味料がケチャップと呼ばれるようになったのである。

イギリスからアメリカに移住した人々は、食材の限られた新天地でケチャップを作ろうとした。そして、豊富にあるトマトをたっぷりと使ってケチャップを作ったのである。これがトマトケチャップである。

ケチャップは今でも調味料を指す言葉であり、実際にイギリスではマッシュルームを使ったケチャップもある。しかし、現在ではケチャップと言えばトマトケチャップを指すようになり、トマトはケチャップの食材の主役となったのである。

アメリカではフライドポテトやハンバーガー、オムレツなど、ケチャップの食文化が一気に花開いたのである。

世界で生産されるトマト

世界で最も多く栽培されている作物はトウモロコシである。次いでコムギの生産量が多く、三位はイネである。トウモロコシ、コムギ、イネという主要な穀物は世界三大穀物と呼ばれている。四位がジャガイモ、五位がダイズであり、食糧として重要なこれらの主要な作物に次いで生産されているのがトマトである。

つまり世界の食糧を支える作物を除いた中では、トマトの生産量が最も多いことになる。

トマトというとイタリアを思い浮かべるが、イタリアはトマトの生産国としては世界のトップ5には入っていない。さらに、トマトケチャップを大量生産するアメリカは四位である。それでは、トマトはいったいどこで生産されているのだろう。

意外な感じがするかもしれないが、世界でトマトの生産量が最も多いのは中国であり、二位はインドである。いずれも人口が多く、消費量が多い国ではあるが、中華料理でもインド料理でも、今ではトマトはなくてはならない食材となっているのである。アメリカ大陸由来のトマトがヨーロッパを経てアジアに紹介されるようになったのは、大航海時代にヨーロッパの船がアジアを盛んに訪れるようになった十七世紀以降のことであるが、わずか数百年の間にトマトは世界中の食文化を変えていった。

世界で多く生産されるトウモロコシ、コムギ、イネ、ジャガイモ、ダイズなどは、食糧という感じがするのに対して、トマトは食材の一つに過ぎない。トマトには旨味成分があり、加熱しても旨味を失わないため、さまざまな料理に味付けの調味料として用いられているのである。

真っ赤なトマトはリンゴと同じフルーツのような感じもするが、トマトの多くはデザートとして食べるというよりも、料理の食材として加熱調理されている。この使われ方はフルーツというよりは野菜である。

果たしてトマトは果物なのだろうか。それとも野菜なのだろうか。

トマトは野菜か、果物か

植物学的にはトマトは「植物の果実」である。つまりはフルーツである。しかし、ヨーロッパの人々にとって、リンゴやブドウに代表されるように、フルーツとはデザートとして食べるような甘いものであった。食材に使うような果実はあまりなかったのである。

トマトと同じように食材として用いられる果実にはナスやキュウリがある。しかし、ナスやキュウリはアジアの食べ物で、ヨーロッパの人々にはなじみのないものだったのである。

一方、果実以外の部位を食べるものを、ヨーロッパでは野菜と呼んだ。

先述したように、植物学的に「フルーツ」というのは植物の果実のことである。そのため、トマトは果実である。しかし、フルーツという言葉は、植物学以外でも用いる。つまり、デザート的に食べるものがフルーツであり、料理の食材として調理して食べるのが野菜である。

「果物」や「野菜」というのは自然界にある分類ではなく、所詮は人間が決めたことである。そのため、トマトは果物でもあるし、野菜でもある。

どちらでも良いような気もするが、十九世紀のアメリカではトマトが野菜か果物かで裁判沙汰になったことがある。

その結果はどうだったろう。植物学者たちは果物であると主張し、裁判は上告されて連邦最高裁判所にまで持ち込まれたが、連邦最高裁判所では、「トマトはデザートではない」ということから、野菜であるという判決が出たという。つまり植物学的には果物だが、法律的には野菜だと判断されたのである。

それにしても、どうしてトマトが野菜か果物かで裁判にまでなったのだろう。

当時のアメリカでは野菜には関税が掛けられていたが、果物は無税であった。そのため税金を徴収する役人は野菜であると主張し、輸入業者は果物であると主張したのである。

しかし、トマトが野菜か果物かは現在でも国によって異なる。日本ではどうだろう。

じつは英語のフルーツという言葉と、日本語の果物とは意味が少し異なる。英語でフルーツという言葉は、植物の果実を意味する。トマトは植物の果実である。しかし、日本語の「果物」という言葉は、「木の物」という言葉に由来する。つまり、果物は木になる実なのである。

トマトは、リンゴやカキのように木になることはない。そのため、果物ではないのである。

日本の農林水産省では、木本性（もくほん）の植物を果物とし、草本性の植物を野菜という。トマトは草本性の植物なので、日本では野菜に分類されている。

トマトだけではなく、フルーツとして食べられるイチゴやメロンも、木になる果実ではなく、草本性の植物なので日本では野菜なのである。

第7章

ワタ――「ヒツジが生えた植物」と産業革命

十八世紀後半のイギリスで、
安価な綿織物を求める社会に革新的な出来事が起こる。
蒸気機関の出現により、作業が機械化され、大量生産が可能になった。
これが「産業革命」である。

人類最初の衣服

アダムとイブは、大切なところを葉っぱで隠している。つまり、葉っぱが人類最初の衣服だったのである。

原始人たちは、葉っぱを身にまとって衣服にした。また、古代の人々は草を編み、植物から繊維を取り出して衣服を作っていたのである。

現代の私たちからすると、ずいぶんと遅れているような気がするかもしれない。しかし、私たちの衣服の原料となる化学繊維は、地下資源の石油から作られている。もし石油がなかったとしたら、どうだろう。私たちはやはり植物に頼るしかないのだ。

昔は、ありとあらゆる衣服を植物から作りだした。

日本ではそれらの植物は「麻」と呼んだ。

アサ科の大麻、アオイ科のぼう麻（ま）や黄麻（こうま）（ジュート）、イラクサ科の苧麻（ちょま）、アマ科の亜麻などさまざまな植物が繊維を取る原料となった。

それだけではない。

雨合羽（あまがっぱ）は稲わらやススキを編んで作ったし、雨笠はカサスゲという菅（すげ）の葉を編んで作った。畳表(たたみおもて)は、イグサという植物から作った。

高級なものでは「絹」がある。

絹は、昆虫のカイコがまゆを作るために吐き出す糸である。しかし、カイコを飼うためにはエサとなるクワを育てなければならない。そのため、昔は各地にクワ畑が広がっていたのである。

そして、ワタも繊維の原料となる。

他の繊維植物は、茎を直立するために固くなった植物繊維が原料となっている。ところが、ワタは違う。ワタの実から採取される。ワタの実は種子を守るために、やわらかな繊維で種子をくるんでいる。このやわらかな繊維が「ワタ」となるのである。

草原地帯と動物の毛皮

植物が豊富にない寒冷な草原地帯では、植物ではなく動物から衣服を作った。

大昔、原始人たちは動物の毛皮をまとった。やがて軽くて保温性に優れた動物の毛や、鳥の羽毛を利用するようになる。

中でも優れた衣類を提供してくれたのが、ヒツジだ。

ヒツジやヤギは、人類が農耕を始めるはるか以前から家畜化されていたと考えられている。ヤギは肉や乳、皮を得るために重要な家畜であった。しかし、ヒツジにはヤギにはないものがある。それが羊毛である。野生のヒツジは、季節の変わり目に大量に毛が抜ける。もともと、この毛が利用されていたと考えられている。

そして、ヒツジは貴重な羊毛を得るための家畜として飼育されていったのである。

「ヒツジが生えた植物」

やがて時代は下って中世ヨーロッパの人々は、世にも不思議で珍しい植物に出合うことになる。それがワタである。

ワタは植物学的には大きく四つの種類に分けられるが、そのうちの二種がインド原産である。古代のインダス文明以降、ワタの綿織物業は、インドの主要な産業だったのである。

中世、ヨーロッパに綿織物が紹介されると、人々は驚いた。肌触りが良く、ふかふかして暖かい。しかも軽くて着心地がよいのである。

さらにヨーロッパの人々を驚かせたのは、このワタが「植物から採れる」ということであった。

それまでヨーロッパで主に用いられていたのは、羊毛などを使った毛織物であった。繊維は動物から得られるものだったのである。そこでヨーロッパの人々は、ヒツジが果実のように生える植物があるのだと想像した。ワタはそれほど不思議なものだったのである。

産業革命をもたらしたワタ

現代の工業化社会は、十八世紀後半のイギリスでの産業革命に始まると言われている。

この産業革命のきっかけとなった植物の一つがワタである。

ヨーロッパに紹介されたワタは、やがて十七世紀になって、イギリス東インド会社がインド貿易を始めると、品質の良いインドの綿布がイギリスで大流行するようになる。そしてイギリスの毛織物業者は打撃を受けてしまうのである。そこでイギリス政府は、インドからの綿布の輸入を禁止することにした。

しかし、綿布の人気は高まる一方である。そこでイギリスは、材料のワタのみをインドから輸入し、綿布の国内生産に努めるようになった。そして、工場制手工業(マニュファクチュア)によって綿織物が作られるようになるのである。

しかし、綿布の人気は収まらない。作っても作っても足りない状況である。どうすれば、より多くの綿布を織ることができるのだろうか。多くの人々が知恵を絞ったことだろう。

「必要は発明の母」と言われる。

「飛び杼(とひ)」というシンプルな道具の発明が、事の始まりだった。

布を織るためには緯糸(よこいと)を通さなければならない。布が大きくなれば、緯糸を通すことは難しくなるし、助手が必要になる作業である。ところが、飛び杼は、車輪のようなローラーがついていて、素早く緯糸を通すことができる。こうして、布を織る作業が劇的に効率化したのである。

しかし、布を織る作業が効率化すると、今度は糸を紡ぐ(つむぐ)作業が間に合わない。やがて糸を紡ぐ紡績機が発明された。こうして作業が効率化すれば、生産工場は大規模化していく。大規模化すれば、作業は分業化され、工場はどんどん大きくなっていった。

そして十八世紀の後半になると、安価な綿織物を求める社会に革新的な出来事が起こる。石炭を利用した蒸気機関の出現により、作業が機械化され、大工場での大量生産が可能になったのである。これが「産業革命」である。

産業革命によって安価な綿織物が生産されるようになると、伝統的なインドの織物業が壊滅的な打撃を受けるのである。

奴隷制度の始まり

産業革命で大量の綿布の生産が可能になると、材料となる大量の綿花が必要となる。とはいえ、暖かい地方が原産のワタは、寒冷なヨーロッパでは生産することができない。

十九世紀には、もはやインドだけでは足りなくなり、イギリスは新たなワタの供給地を必要とするのである。そして新たなワタの生産地となったのがアメリカだった。

アメリカではタバコの栽培が行われていたが、嗜好品であるタバコは価格が安定しない。それに比べると、イギリスのワタの需要はアメリカにとっても魅力的なものであった。

新天地のアメリカには、需要に応える量のワタを栽培するのに必要な広大な土地があった。しかし、当時のワタの収穫は手作業で行われていたため、手間が掛かる。種子をやわらかな繊維で包み込んでいるが、実にはトゲがある。そのため、ワタの収穫はなかなかの重労働だったのである。

新天地であるアメリカには当然、十分な労働力はなかった。そこでアフリカから多くの黒人奴隷が、アメリカに連れていかれたのである。ワタのおかげでアメリカは経済的に豊かになった。そして、ワタのために多くの黒人奴隷たちが犠牲になったのである。

こうしてアメリカから大量の綿花がイギリスに運ばれた。そして、イギリスからは機械で作られた綿製品や工業製品がアフリカに運ばれた。そして、アフリカから大量の黒人奴隷たちがアメリカに連れていかれたのである。このようにして常に船に荷物をいっぱいにするための貿易は、三角形のルートで船が動くことから三角貿易と呼ばれている。

奴隷解放宣言の真実

ワタの輸出によって、ワタの産地であったアメリカの南部は急速に経済的に発展を遂げていった。一方、工業が主産業であったアメリカ北部の人々は、イギリスから輸入される工業製品に高い関税を掛ける保護貿易を行いたかった。しかし、イギリスにワタを輸出している南部の人々は、保護貿易は困る。自由貿易を推進していく必要があった。こうして北部と南部は利害を対立させていく。そして、ついには南北戦争が起こるのである。

アメリカで南北戦争が勃発すると、アメリカからのワタの輸出量が急激に減少した。北軍はアメリカ南部の経済的拠り所を押さえようと港からの輸出を封鎖した。しかし意外にも南軍もまたワタの輸出を制限するようになる。ワタが輸出されなければ、イギリスが困る。そうして、イギリスに援助してもらおうと画策したのである。

そこでこれを阻止したかったリンカーン大統領（第一六代）は、「奴隷解放宣言」を出す。こうして戦争の目的が奴隷解放であることを内外にアピールすることで、イギリスがアメリカ南部を支援することを難しくさせたのである。こうした戦略も功を奏して、南北戦争は北軍の勝利で終わりを告げたのである。

そして湖が消えた

アメリカの南北戦争によるワタの不足で困ったのは、イギリスだけではない。ロシアのような寒冷地では、ワタのような温かな繊維は必需品だ。そのため、ワタの不足に困ったロシアでは、国内でワタの栽培を行うようになる。そして中央アジアのトルキスタン地域がワタの産地となっていくのである。トルキスタン地域に位置しているウズベキスタンは、現在でも世界有数の綿花生産国である。

綿花栽培が拡大し、栽培技術が近代化されて生産量が向上すると、不足するものがあった。ワタを栽培するための水である。そのため、アラル海という湖に注ぐ川から水が引かれ、広大なワタ畑に水を供給するための灌漑(かんがい)施設が整備された。

アラル海は世界四位の面積を誇る広大な汽水湖であった。その面積は日本の東北地方の面積に匹敵する。このアラル海に流れ込んでいた川の豊富な水は、次々に乾燥地を豊かなワタ畑に変えていったのである。

しかし、資源は無限ではない。アラル海の水は減少し、ついに水位が低下して、巨大だったアラル海は、二十世紀の初めには大アラル海と小アラル海とに分断されてしまった。そして、その後もアラル海の水は減少し続け、現在ではアラル海は消滅の危機にあるとされている。もちろん、周囲の生態系は破壊され、多くの生物が絶滅してしまった。

湖での漁業に依存していた地域の人々の生活も被害を受けて、多くの地域で廃村が相次いだ。水が少なくなることで湖の水の塩分濃度は高まり、わずかに残った湖も死の湖となっている。

すべてはワタという植物が引き起こした悲劇である。いや、ワタという植物に罪はないだろう。すべては人間が起こしたものである。

ワタがもたらした日本の自動車産業

日本へは、ワタはいつ頃伝わったのだろうか。

日本にワタが伝来したのは、平安時代の初め頃のことだと言われている。言い伝えによれば、日本に漂着したインド人がワタの種を伝えたとされている。この場所が、愛知県の三河地域である。

三河地域は台地が広がり、灌漑が不十分で水が不足する地域である。そのため、田んぼで稲作をすることができない地域であった。そこで、古くから乾燥に強いワタの栽培が行われたのである。こうして作られたのが「三河木綿」である。

浜名湖西岸の静岡県の遠州地域から矢作(やはぎ)川東岸の愛知県の三河地域は、古くからワタの産地であった。そして、ワタの栽培とともに綿織物が盛んに作られたのである。

豊田佐吉(とよださきち)は母親が休む暇もなく機(はた)を織っている姿を見て、木製人力織機(しょっき)を発明する。これを元に豊田佐吉は豊田自動織機を創立した。これが、後に世界的な自動車メーカーとなるトヨタ自動車の始祖である。

また、浜松の織機メーカーは、その技術を利用して、オートバイや軽自動車を作り上げていった。これが現在のスズキである。

こうして綿織物の技術が、日本を代表する自動車メーカーを育てていったのである。

地場産業を育てたワタ

ワタは荒れ地でも育つ作物である。しかも換金性が高く、商品になる。そのため、戦国時代から江戸時代になって、各地を大名が治めるようになると、各大名はこぞってワタの栽培を奨励した。

日本にワタが伝来したのは千年以上も前だが、実際にはワタの栽培は広まらず、日本ではワタの多くを中国や朝鮮からの輸入に頼っていた。綿織物は高級品だったのである。ところが、江戸時代になってワタの栽培が広まると、綿織物は庶民でも手の届くものとなる。

享保の改革を行った八代将軍、徳川吉宗は質素倹約に努め、木綿の着物を着ていたという。つまり、江戸時代になると、それまで高級だった綿織物は、質素な衣類とみなされるくらいにワタが普及していたのである。

江戸時代には各地でワタが栽培されたが、特に瀬戸内海沿岸や九州の干拓地では盛んに行われた。江戸時代には浅い海を干拓して、耕作地を拡大していったが、干拓地は海水による塩害が問題となる。ところが、ワタは塩害に強かったのである。

また、海に近い干拓地は、海運に都合が良く、ワタの輸送にも便利であった。

こうして広大な土地が干拓地となり、ワタの栽培によって綿紡績が行われるようになったのである。この広い土地と、機械産業と海運が、後に瀬戸内海地域や北九州工業地帯の礎となるのである。

現在でも、この地域には繊維業が発達している。

有名な今治(いまばり)タオルの愛媛県今治市や、ジーンズや学生服で有名な岡山県倉敷市は、いずれも瀬戸内海地域に発達した紡績で栄えた街である。

第8章
チャ
——アヘン戦争とカフェインの魔力

神秘の飲み物＝紅茶を人々が愛すれば愛するほど、
チャを清国から購入しなければならない。
大量の銀が流出していくなか、
イギリスはアヘンを清国に売りつけることを画策する。

不老不死の薬

秦の始皇帝が「不老不死」の効果があると信じて飲んでいた薬がある。

これは中国最古の薬とされていて、古代中国の農業の神「神農」は、身近な草木の薬効を自らの体を使って試した。そして、毒にあたるたびに、この薬草の力で何度もよみがえったという。

なんというすごい薬効を持つ植物なのだろう。ところが、秦の始皇帝が憧れたこの薬を、現代の私たちは簡単に飲むことができる。この霊草こそが「チャ」なのだ。

唐代の中国の詩『七碗茶歌』には、こんな文章がある。

「一杯目は喉と口を潤し、二杯目は寂しさを和(やわ)らげ、三杯目は詩情がよみがえる。四杯、五杯と飲むと日頃の不平不満がすべて流され、体が清められる。六杯目を飲むと神仙の御霊に通じた。七杯目はもう飲む必要がないくらいで、両脇に清らかな風が吹くのを感じる」

今では、財布に残った小銭を出せばペットボトルのお茶が買えるし、食堂に入って「お茶をください」と頼めば、秦の始皇帝が憧れた霊草がタダで出てくる。

チャは中国南部が原産の植物である。その昔、チャは持ち運びができるように、固形に固められた「餅茶（へいちゃ）」と呼ばれるものが作られていた。この固まりを削って、煎じて飲んだのである。

中国では、チャは仏教寺院で盛んに利用されるようになる。唐代になると禅が盛んになる。座禅のときの眠気覚ましの薬として、チャが用いられるのである。

ただし、薬として飲むのであれば、煎じて飲むよりも、粉末にしてそのまま飲む方が良い。そのため、宋代になるとチャの粉をお湯に溶いて飲むようになった。これが抹茶である。

独特の進化を遂げた抹茶

この宋代に、日本からは中国の寺院に留学僧たちが学びに来ていた。そして、日本に帰国した留学僧たちは、チャの種子と抹茶の技術を日本に持ち帰ったのである。特に臨済宗の開祖である栄西（えいさい）は『喫茶養生記』という書物を著（あらわ）し、広くチャを広めたため、茶祖と呼ばれている。

こうして日本の寺院でも中国にならって抹茶が飲まれるようになった。

ところが、である。その後、本場の中国では「抹茶」が絶えてしまった。

時代は、宋代から明代へと移り変わっていった。

明の初代皇帝、洪武帝（朱元璋）は、貴族や富裕層の飲み物であったチャを庶民に広めるために、手間を掛けて固形に固めることを禁止し、茶葉で簡単に飲むことができる「散茶」を広めた。そのため、中国では抹茶は廃れてしまったのである。

まさに、抹茶は日本に渡って生きながらえたのだ。そして抹茶は、日本のわび・さびと結びついて「茶道」という独特の進化を遂げる。

この極東の島国で特異な進化を遂げた抹茶は、やがてはユーラシア大陸の反対側の西洋の島国にも影響を与えていくのだが、それはイギリスにチャが伝わる名誉革命まで待つことになる。

ご婦人たちのセレモニー

ところで、日本には中国の広東省の寺院からチャが伝えられた。

広東省では「茶」を「チャー」と発音する。この発音が、日本では「チャ」となった。ヒンディー語やモンゴル語、ロシア語、ペルシア語、トルコ語では、チャを

「チャイ」と呼ぶ。これらの国々には、広東省からシルクロードなどを通じて陸路でチャが広まっていったと考えられている。

十六世紀になり、ヨーロッパと中国の交易が行われるようになると、福建省の港から海路でチャが運ばれていった。福建省では「茶」を「テ」と発音する。これが、ヨーロッパでは「ティー」となったのである。

緑茶と紅茶とは、同じチャという植物から作られる。

収穫した葉を寝かせておくと、酸化酵素の働きで酸化する。リンゴを切ると、切り口が変色するのと同じである。こうして赤黒く色づいた葉から作られたのが紅茶である。

一方、収穫した葉をすぐに加熱して、酸化酵素の働きを不活化させると、変色することなく緑色が保たれる。こうして加熱した葉から作られるのが緑茶なのである。

中国では今でも緑茶が多く飲まれているが、ヨーロッパまでの海路を運ぶために、傷みにくい紅茶が出荷されるようになった。

中国から運ばれてくる薬効のあるチャは、非常に高価な飲み物であった。これを飲むようになったのがイギリスの貴族たちである。

チャは東洋から運ばれてくる神秘的な飲み物である。

現代人でさえもインドの山奥で採れた薬草だとか、アンデスの薬草だとか言われれば、それだけで効きそうな気にならないだろうか。

ヨーロッパで最初にチャを飲んだのは、中国を訪れたオランダ人であった。

また、中国だけでなく、日本とも国交のあったオランダ人たちは、日本の茶の文化を本国に伝えた。そして、宣教師たちが伝える東洋の珍しい見聞によれば、チャは身分の高い人々が格式高い儀式の際に飲むものだという。これは戦国武将たちの間でたしなまれていた茶道のことだろう。

やがてイギリスで名誉革命が起こり、国王が追放されると、オランダからウィリアム三世が王妃メアリとともに国王として迎えられた。そして、メアリはオランダからチャをイギリスに伝え、東洋では身分の高い者のたしなみらしいチャは、イギリスの上流階級の女性たちの間で広まっていくのである。

現在でも人々はプリンセスに憧れ、宮内庁御用達やイギリス王室御用達の品々は人気が高いが、昔も今も同じなのである。

イギリスの貴族は、多くのことを召使が行う。しかし、チャは貴族が自ら客人をもてなす。こうして、午後のティーパーティという上品な儀式が形作られていったのである。

それにしても、日本の茶道は戦国武将たちが盛んに行った男の儀式である。これに対してティーパーティは、ご婦人たちの社交の場というイメージがある。

じつは、チャが広まる以前には、イギリスではアラビア半島から持ち込まれたコーヒーが飲まれていた。そして街のコーヒーハウスは、男性たちの社交の場でもあったのである。そのため、ティーパーティは、コーヒーハウスに行くことのできない女性たちの間で広まっていったのだ。やがて、コーヒーハウスの代わりに、女性たちのためのティーガーデンが作られていく。すると、男女の出会いを求めて男性たちもティーガーデンに行くようになり、コーヒーハウスは次第に廃れてしまったのだ。

いつの世も時代を作るのは女性たちなのである。

産業革命を支えたチャ

現代の工業化社会は、十八世紀後半のイギリスでの産業革命に始まると言われている。この産業革命のきっかけとなった植物の一つが、すでに紹介したワタである。

産業革命により生まれたのは、単に安価な綿織物という商品だけではない。

工場労働者という新しい階級が生みだされた。この労働者たちが好んで飲んだのが紅茶である。

イギリスでは、赤痢菌など水が媒介する病気の心配があった。そのため、農業労働者たちは、水の代わりにビールなどのアルコール類を飲んでいたのである。

しかし、休みなく動く機械とともに工場で働く労働者たちは、ほろ酔いで働くわけにはいかない。チャは抗菌成分を含むので、十分に沸騰していない水で淹れても病気の蔓延を防ぐことができる。しかも眠気を覚まし、頭をすっきりさせてくれる。そのため、労働効率を上げるのに最適な飲み物だったのである。

独立戦争はチャが引き金となった

チャは、アメリカの独立にも一役買ったと言われている。

イギリスは覇権を懸けてフレンチインディアン戦争をフランスとの間で繰り広げていた。この戦争で莫大な出費を余儀なくされたイギリスは、植民地からの税金でそれを埋め合わせようとする。

その一つが、イギリスからアメリカへ輸出されていたチャであった。

アメリカ大陸はもともとオランダの植民地であったため、オランダの影響を受けて上流階級の人々は紅茶を飲んでいた。その後、アメリカはイギリスの植民地となったが、紅茶を飲む習慣はそのまま引き継がれたのである。イギリスから重税を掛けられたアメリカの人々は、税金を逃れるために、オランダからチャを密輸していた。そこでイギリスは「茶条例」を作り、密輸茶を厳しく取り締まった。一七七三年のことである。

アメリカ人は、この強圧的なイギリスの制度に反発し、一七七三年の十二月、イギリスからアメリカにチャを運んできた船を襲い、船に積まれていたチャの箱をすべてボストン港に投棄した。これが「ボストン茶会事件」と呼ばれるものである。その大量のチャが投げ捨てられて、海の水はチャ色に染まったほどだったという。そのため、この出来事は「茶会（ティーパーティ）」と呼ばれているのだ。

これに対してイギリスは、強圧的に一七七四年にボストン港を閉鎖。アメリカの人々は反感を増して、翌一七七五年には独立戦争が起こるのである。

このイギリスへの反感から、アメリカの人々は紅茶の代わりにコーヒーを飲むようになる。これが、紅茶の味に似せて、浅く焙煎したアメリカンコーヒーである。ちなみに、日本でアメリカンコーヒーというと薄いコーヒーを意味することが多いが、実際には焙煎が浅いコーヒーである。

現在でもアメリカはコーヒーの消費量が世界一である。スターバックスに代表されるように、アメリカにコーヒー文化が花開いたのは、この独立戦争がきっかけなのである。

しかし、独立戦争の中心となったのは、チャを飲んでいた裕福なアメリカ北部の人々であった。一方、アメリカの南部では、産業革命で発達したイギリスの綿織物業のために綿花を輸出し、外貨を稼いでいた。つまり、イギリスなしでは成り立たない経済構造になっていたのである。イギリスからの経済的な自立を目指す北部と、綿花栽培のためにイギリスとの絆を強めたい南部は、対立を深めていく。

そして一八六一年、ついにアメリカで南北戦争が引き起こされるのである。

イギリスからの紅茶の入手が困難になったアメリカでは、暖かい南部地域を中心にチャの自国生産の試みが行われる。しかし、南北戦争によってアメリカのチャ栽培は、道半ばで壊滅してしまったのである。

そして、アヘン戦争が起こった

イギリスでは紅茶が普及し、庶民も盛んに飲むようになったが、イギリスにとってチャは東洋から運ばれてくる神秘の飲み物であることに変わりはなかった。チャがイギリス人の暮らしや産業にとって不可欠なものとなり、需要が増大しても、チャは中国から運んでくるしかなかったのである。

人々が紅茶を愛し、紅茶を飲めば飲むほど、大量のチャを清国（中国）から購入しなければならない。そして、チャを購入することで大量の銀が流出していくが、清国側がイギリスから買うべきものはない。イギリスの貿易赤字は拡大する一方であった。

これに追い打ちをかけたのが、金づるであったアメリカの独立である。そこでイギリスが企（くわだ）てたのが、三角貿易であった。

イギリスの産業革命によって大量に工場生産された安価な綿織物は、国内では消費しきれずに、植民地であったインドに輸出された。そして、ついにはインドの伝統的な織物業を壊滅させてしまうのである。

イギリスは、主産業が壊滅したインドで麻薬の原料となるケシを栽培する。そして、ケシから作りだした麻薬のアヘンを清国商人に売ったのである。

こうしてイギリスは、インドで生産したアヘンを清国に売り、自国で生産した綿製品をインドに売ることで、チャの購入で流出した銀を回収するという三角貿易を作りだしたのである。

もちろん、清国はこの交易に反発する。そして、アヘンを扱うイギリス商人の荷物を取り締まろうとする清国と、自由貿易の保護を主張するイギリスとの間で、摩擦が激しくなっていく。そして一八四〇年、ついにイギリスと清国との間でアヘン戦争が勃発するのである。

この戦争で、眠れる獅子と恐れられていた清国は、イギリス軍の前にあっけなく敗れてしまう。そして、国力を失った清国は、不平等条約の下で半植民地状態にされてしまうのである。

日本にも変化がもたらされる

アヘン戦争によって大国であるはずの清国（中国）が敗れると、西洋諸国のアジアの植民地化の動きが活発化し、東アジアは激動の時代に入る。

清国の敗戦は、隣国の日本にも衝撃を与える。西欧列強の軍事力を見せつけられた日本は、危機感を募らせる。そして、日本を植民地化させてはいけないとの思いから、志士たちがついには江戸幕府を倒し、明治の文明開化から、西欧列強に追いつこうとする近代化へとつながっていくのである。

ちなみに、富国強兵に取り組む日本の近代化を支えたもののもまたチャであった。当時、西洋諸国が中国に求めていたものが絹製品とチャであった。そこで、日本も生糸とチャの生産に力を入れていくのである。

大政奉還で一五代将軍、徳川慶喜は駿河（現在の静岡県）へ隠居する。そして、多くの幕臣たちが徳川慶喜に従って駿河へ移り住んだ。ところが、明治になって廃藩置県となると、多くの幕臣たちが失職してしまったのである。

このとき、旧幕臣の勝海舟（かつかいしゅう）が目をつけたのが、江戸時代から駿河の名産であった

「チャ」であった。輸出品としてのチャの可能性を感じていた勝海舟は、武士たちを荒地に入植させ、チャの栽培を奨励する。この武士たちの開墾が礎となって、荒地は、後に日本一の大茶園と呼ばれる「牧之原(まきのはら)台地」となるのである。

そして、このチャの輸出により外貨を得て、日本は近代化の道を進んでいったのだ。

インドの紅茶の誕生

現在、紅茶というとダージリンやアッサムなどインド産が有名である。アヘン戦争の後、イギリスは、中国に依存しすぎたチャの入手を見直す必要性を感じ始める。そして、植民地としていたインドでのチャの栽培を試みるのである。ところが、中国のチャは、インドではうまく育たなかった。インドは、中国のチャを栽培するには暑すぎたのである。

一八二三年、イギリスの探検家ブルースが、インドのアッサム地方で、あるチャの木を発見する。その後の調査で、このチャは、中国のチャとは別の種類であることが明らかとなった。

現在、チャという植物には二種類あることが知られている。一つが中国で栽培されていた「中国種」と呼ばれるものである。中国種は、寒冷地で生育できるように適応して、葉が小さく変化している。中国では冬の寒さや乾燥に耐えるために、葉を小さくして厚くする必要があったのである。この中国種は、現在でも中国や日本など温帯地域で栽培されている。

一方、インドで発見されたチャが、現在「アッサム種」と呼ばれるものである。アッサム種はインドのような暑い気候に適応して、葉が大きい。熱帯のように光合成に有利な場所では、小さな葉を作るよりも、大きな葉を作った方が、生産効率が高い。また、熱帯では葉を食べる害虫も多いため、大きい葉を作らなければ葉を食べ尽くされてしまうことも指摘されている。

中国種とアッサム種は、分類学上では同じ「種」であるとされているが、種の中の亜種として区別されている。

たとえば、ニホンジカというシカは、北海道のものは本州のものよりも体が大きく、九州のものは、本州よりも体が小さい。そのため、ニホンジカの中でも北海道のものはエゾシカ、本州のものはホンシュウジカ、九州のものはキュウシュウジカと区別される。これが亜種である。

また、中国種とアッサム種との関係は、コメの亜種であるジャポニカ種（短粒種）とインディカ種（長粒種）に似ている。日本では粒の丸いジャポニカ種が栽培されているが、タイ米に代表されるように海外では粒の細長いインディカ種が栽培されている。

アッサム種が育つ熱帯では病害虫が多いので、抗菌作用のあるカフェインの含有量が多いのである。緑茶はアミノ酸の旨味を愉しむ飲み物であるが、紅茶はカフェインの苦味を愉しむものである。そのため、アッサム種は紅茶に向いているのである。

こうしてイギリスは、中国に頼らずに紅茶を自給することに成功した。そしてインドは、世界一の紅茶の生産地になっていく。

チャによって伝統的な織物業を失ったインドは、このように紆余曲折を経た結果としてチャによって経済を復興させていくのである。

カフェインの魔力

こうして世界はチャの魔力に翻弄されていく。

アメリカの独立戦争の引き金となったチャ。それにしても、戦争を引き起こすほどのチャの魔力とは何だろうか。

この魔力の元凶こそが、チャという植物が含むカフェインだったのである。

カフェインは、アルカロイドという毒性物質の一種で、もともとは植物が昆虫や動物の食害を防ぐための忌避物質であると考えられている。このカフェインの化学構造は、ニコチンやモルヒネとよく似ていて、同じように神経を興奮させる作用がある。そのため、チャを飲むと眠気が覚めて、頭がすっきりするのである。まさに毒と薬は紙一重なのだ。

弱いとはいえ、本来カフェインは脳神経に作用する有害な物質なので、人体はカフェインを体外に排出しようとする。チャを飲みすぎるとトイレに行きたくなるのは、そのためなのである。

チャはツバキ科の植物である。そのため、ツバキの葉っぱとチャの葉っぱとはよく似ている。しかし、古代人は無数の植物の中からチャの葉を選び出した。化学も発達せず、分析機械のなかった時代に、経験だけでカフェインのある葉を選び出したのである。

カフェインは、名前のとおりCoffee（コーヒー）から見出された物質である。コーヒーの原料となるコーヒーノキはアカネ科の植物であるが、コーヒーノキもカフェインを含むのである。

世界三大飲料として紅茶、コーヒー、ココアが挙げられるが、その原料となるチャ、コーヒーノキ、カカオは、すべてカフェインを含む物質である。

植物が持つカフェインという毒は、古今東西、人間を魅了してきた。そして、カフェインを含むチャもまた、人間の歴史を大きく動かしてきたのである。

第9章 コーヒー――近代資本主義を作り上げた植物

かの名探偵シャーロック・ホームズは、
推理をするときによくコーヒーを飲む。
確かにコーヒーを飲むと頭がさえる。
そして、コーヒーによって刺激された人間の脳は、
操られるままにさまざまなものを創造していくのだ。

カフェを支配した植物

毎日のコーヒーが欠かせないという人も少なくないだろう。コーヒーブレイクをするとリラックスできるし、頭もリフレッシュする。

インターネットカフェや猫カフェ、古民家カフェ、メイドカフェなど、今や、日本はありとあらゆる種類のカフェであふれている。

カフェというのは、もともとコーヒーのことだ。カフェではコーヒーを飲まずに、紅茶やジュースを注文することもあるが、それでも、その場所は「カフェ」と呼ばれ、私たちはカフェに行く。

パスタやうどんを食べ、お米を食べなくても、私たちは「ご飯を食べる」と言う。コメというのは、食事を代表する言葉なのである。同じように、コーヒーを飲まなくても、私たちは「カフェ」で時間を過ごす。コーヒーは、もはやリラックスするときの飲み物の代表なのだ。

おそらくコメは、数千年の歴史とともに日本人に欠かせないものとなっていった。

これに対して、コーヒーが日本人に飲まれるようになったのは明治の文明開化以降のことである。一般の人々がコーヒーを飲むようになったのは第二次世界大戦後のことだ。日本人とコーヒーの付き合いはけっして長くない。

それなのに、どうして私たち日本人は、こんなにもコーヒーに魅了されてしまったのだろう。


そもそもコーヒーとはどのような存在なのだろうか。

コーヒーの元になるコーヒー豆は、アカネ科のコーヒーノキという植物の種子である。コーヒーチェリーと呼ばれる赤い実から取り出された種子が、コーヒー豆なのだ。

ところで、コーヒーの他にも、世界中で愛されている飲み物がある。世界三大飲料と呼ばれているのが、コーヒー、紅茶、ココアだが、この三種類の飲み物は、いずれも植物を原料としている。

紅茶はツバキ科のチャの葉から作られる。また、ココアはアオギリ科のカカオの種子から作られる。カカオの種子であるカカオ豆はチョコレートの原料としてもおなじみだろう。

じつは、この三大飲料には、共通して含まれている物質がある。それが、カフェインである。カフェインはCoffee（コーヒー）から発見されたことに由来している。

カフェインは、アルカロイドという毒性物質の一種で、もともとは植物が昆虫や動物の食害を防ぐための忌避（きひ）物質であると考えられている。

人間を魅了するカフェイン

三大飲料がカフェインを含んでいるのは、偶然ではない。

このカフェインの化学構造は、ニコチンやモルヒネとよく似ていて、人間の体内に入ると神経を興奮させる作用がある。コーヒーを飲むと眠気が覚めて、頭がすっきりするのはカフェインの作用である。

一杯のコーヒーは眠気を覚ましたり、気分をリラックスさせてくれるプラスの効果がある。とはいえ、本来カフェインは脳神経に作用する有害な物質だから、過剰な摂取は禁物である。

カフェインには利尿作用があり、コーヒーや紅茶を飲みすぎるとトイレに行きたくなるが、これは人体が植物由来のカフェインを毒性物質と感じて体外に出そうとしているためなのだ。

「毒と薬は紙一重」と言われるように、毒草が持つ有毒物質が薬効を示す薬として使われたり、薬草が持つ成分が濃度によっては、人体に悪影響をもたらしたりすることもある。カフェインの摂取も、ほどほどが良いのである。

ところが、カフェインにもタバコのニコチンと同じように依存性がある。つまり病み付きになってしまうのだ。そのせいか、カフェインを含む世界の三大飲料は今や世界中の人々を魅了し、虜にしてしまっている。

カフェインが含まれているのは三大飲料ばかりではない。ココアと同じカカオの実から作られるチョコレートにもカフェインは含まれている。甘いチョコレートに目がないという人も、カフェインの魔力にとりつかれているのかもしれない。

また、カカオと同じアオギリ科には、コーラと呼ばれる植物がある。このコーラの実がコーラ飲料の原料である。コーラも時々無性に飲みたくなるが、それもカフェインの仕業なのだろう。

イスラム教徒が広めたコーヒー

コーヒーの歴史は古い。

植物としてのコーヒーノキの原産地は、東アフリカのエチオピアである。この場所は、人類発祥の地としても知られている。もちろん、人類が誕生して、すぐにコーヒーをたしなんでいたわけではなかろうが、コーヒーは人類と故郷をともにする植物なのだ。

コーヒーがいつ頃から飲まれていたのかは、定かではない。コーヒーが歴史に記録されているのは、九世紀のことである。

コーヒーの始まりについては、いくつかの伝説がある。

もっとも有名なのが、躍るヤギの伝説だろう。

ある日、エチオピアのヤギ飼いのカルディが、ヤギが興奮し、飛び跳ねて躍っているのを見た。ヤギたちは、一本の木の葉っぱや赤い実を食べている。カルディがその葉をかじり、実を食べると、彼もまた踊りだし、彼の口からは歌や詩があふれでた。この魔法の木が、コーヒーノキだったのである。

コーヒーと輸入食品の店「カルディコーヒーファーム」の店名の由来となった、

有名な伝説である。

別の伝説は、イスラム教徒の僧オマールの伝説である。町を追放された僧オマールは、あるとき一羽の鳥が赤い実をついばむのを目にする。飢えていたオマールがその赤い実を口にすると、不思議なことに疲労が消えてしまった。その後、オマールは赤い実の煮汁で流行病に苦しんでいた町の人々を救うのである。

歴史においてコーヒーを広めたのはイスラム教の人々だ。

エチオピアは、紅海を挟んでアラビア半島と近接している。エチオピア人がアラブを侵略したとき、コーヒーはアラブに伝わったとされている。

アラブの人々にとって、コーヒーはとても優れた飲み物であった。

イスラム教徒である彼らは、お酒を飲むことができない。しかし、カフェインを含むコーヒーは気分を高揚させてくれる。

それだけではない。戒律の厳しいイスラム教において、コーヒーは疲れを癒やし、眠気を覚まし、祈りに集中させてくれる効果もある。こうして、アラブを中心として、コーヒーを飲む習慣は、イスラム圏に広がっていったのである。

コーヒーハウスの誕生

アラブでは、コーヒーハウスと呼ばれるコーヒーを飲む社交の場が次々に生まれていった。人々があまりにコーヒーに夢中になるので、為政者や宗教指導者たちは、何度もコーヒーハウスを禁止しようと試みた。しかし、コーヒーの魅力にとりつかれた人々を止めることはできなかった。これこそが、カフェインのなせる業(わざ)なのだろう。

やがて、十五世紀頃になるとコーヒーの魅力は、次第にヨーロッパにも伝わっていく。十六世紀になってオスマン帝国がアラブを支配すると、コーヒーはオスマン帝国の重要な輸出品となった。このとき、コーヒー豆が輸出された港町が、「モカ」(イエメン共和国)である。

コーヒー豆は植物の種子である。コーヒー豆を輸出するということは、植物の種子を手渡しているのと同じである。もし、輸出先でコーヒーを栽培されてしまったら、コーヒーを輸出することはできなくなる。そのため、オスマン帝国ではコーヒーの栽培を独占するために、コーヒー豆の芽が出ないように、煎(い)ってから輸出をしていた。その豆が「モカ」という銘柄を作り上げていったのである。

コーヒーは、莫大な富を生む金の卵である。海洋貿易を担(にな)っていたオランダは、何とかコーヒーを栽培したいと企んでいた。そして、十七世紀には、まんまと一本の木を入手した。そして、オランダでの温室栽培に成功した後、オランダ東インド会社が、東インド諸島で栽培を試みたのである。こうして作られた銘柄が「ジャワ」である。

人々を魅了する悪魔の飲み物

もっとも、ヨーロッパの人々にとって、コーヒーは、最初は見慣れない飲み物であった。

見た目が真っ黒な飲み物は、「煤(すす)のようである」と言われたり、「悪魔の飲み物」と忌(い)み嫌われたのである。

キリスト教徒にとって、聖なる飲み物はワインである。そのワインと比べると、真っ黒な闇のような色をしたコーヒーという飲み物は、確かに悪魔の飲み物というにふさわしかった。

あるとき、ローマ教皇だったクレメンス八世が、この悪魔の飲み物に対して、裁決を下すことになった。そして、ローマ教皇自ら、この悪魔の飲み物を口にしたのである。

その結果、どうだっただろう。

あろうことか、クレメンス八世は悪魔の飲み物に魅了され、コーヒーに洗礼まで施した。そして、その後、キリスト教徒たちもコーヒーを飲むようになったのである。何という魅惑的な飲み物なのだろう。まさに、悪魔の飲み物と言うべきなのかもしれない。

やがて、コーヒーの味は、キリスト教徒たちをも魅了し、ヨーロッパ各地に次々とコーヒーハウスが作られていくのである。

産業革命の原動力

ヨーロッパで最初にコーヒーハウスが作られたのはベネチアだが、ブームとなったのはイギリスである。

「アルコールを出す酒場よりも知的で上品な場所である」。コーヒーハウスは、そう位置づけられて、知性と上品さを自負する人々は、こぞってコーヒーハウスに通い詰めた。言ってみれば、意識の高い人々の集まる場所となったのだ。そして知識人や実業家たちが集まり、社交、商業、政治活動の場となっていったのである。

コーヒーハウスには、さまざまな人々が集まった。作家たちは集まって文学を語り、科学者たちは集まって最新の科学を議論した。俳優や音楽家たちは芸術を語り、ビジネスマンたちは経済を語り、政治家たちは政治を語る。

人の集まるコーヒーハウスには、さまざまな印刷物や宣伝用のビラも配られるようになった。新聞などのジャーナリズムや郵便制度は、こうしたコーヒーハウスで育まれたと言われている。

コーヒーハウスに行けば、常に最新の情報があり、さまざまな人の意見や評判を聞くことができる。『世界を変えた6つの飲み物』の著者トム・スタンデージは、当時のコーヒーハウスは、現代のインターネットのようにすべての情報が集まる場所だったと比喩する。

そして情報が集まるコーヒーハウスでは、異業種の異分野の人々が交流し、新しいアイデアが醸成されていく。

たとえば科学者たちは、自分たちの自然科学が航海や製造、建築、測量など実社会で応用可能なことに気がついていく。そして、商人や職人たちもまた、科学が自分たちの仕事に役立つことに気がついていく。こうして、科学者と起業家たちが手を組んで、さまざまな新しいビジネスモデルが作られ、会社が興された。

この科学と商工業のタッグが、産業革命の原動力になったと言われている。

それだけではない。金融界でもさまざまなアイデアが生まれた。保険会社や株式会社という、今日の資本主義の基礎となるビジネスモデルもまた、コーヒーハウスで生まれたと言われている。

そして、コーヒーハウスは保険市場や株式市場の役割まで果たした。現在のロンドン証券取引所の前身はコーヒーハウスに存在した取引所である。

また、無記名投票や一人一票という現在の民主主義の基本となる選挙の仕組みや、警察という概念もコーヒーハウスで誕生したと言われている。

さらには、万有引力の法則で有名なアイザック・ニュートンもフェローだった一流の科学者たちで組織される王立協会は、もともとはコーヒーハウスの集まりだったという。

イギリスの資本主義の成立と経済発展はコーヒーハウスが支えたと言われている

くらいなのだ。

コーヒーはカフェインを含む飲み物である。コーヒーを飲めば、脳は覚醒し、さまざまなアイデアを生みだす。コーヒーを飲めば脳は興奮し、人々は活発に議論をする。そして、さまざまな制度を作りだしたのである。資本主義と民主主義に生きる私たちは、カフェインが作りだした世界で暮らしているようなものなのだ。

もっとも、コーヒーハウスは男たちの社交場であり、イギリスでは女人禁制であった。

そのため、コーヒーハウスに行くことのできなかった女性たちは、コーヒーに遅れてイギリスに紹介された紅茶に夢中になっていく。コーヒーは焙煎したり、豆を挽いたりという手間が掛かるが、紅茶は家庭でも気軽に楽しむことができる。そして、街のコーヒーハウスではなく、家で紅茶を楽しむティーパーティの文化を作り上げていくのである。もちろん、紅茶もまた人々を魅了するカフェインを含む飲み物である。

そして女性たちの作りだした紅茶の文化は、やがてコーヒーを凌駕し、イギリスは紅茶の国になっていったのである。

そして、フランス革命が起こった

イギリスのコーヒーハウスが男性の社交の場であったのに対して、フランスのコーヒーハウスは、男女ともに集まることのできる場所であった。

イギリスが知識人たちの集まりだったのに対して、フランスでは、さらにさまざまな人々を見ることができただろう。

コーヒーハウスでは、誰もがコーヒーを楽しみ、議論をすることができる。つまり、誰もが平等なのだ。

そして、コーヒーハウスは自由の場である。そこでは時間的な制約もなく、肩書きも関係なく、自由な議論が行われる。

自由な時間と自由な空間がそこにはあるのだ。

そんなコーヒーハウスで、フランスの思想家たちは、理性による思考を重んじる啓蒙思想を語り、科学者たちは科学的で合理的な思考を語った。

コーヒーハウスでは、誰もが平等で、誰もが自由に見えた。

それなのに、実社会ではわずかな貴族たちが富を肥やし、貧しい市民が重い税金を払わなければならない。この矛盾の中で、人々は理性的に、合理的に物事を捉えようとした。そして、人は生まれながらにして平等であり、自由であるべきだ、という考えにたどりついたのである。もしかすると、コーヒーの持つ覚醒と興奮の作用が、人々にそう思わせたのかもしれない。

人は平等であり、自由である。社会もまた平等で自由であるべきだ。人々は活発に議論し、世の中の矛盾を語り、あるべき社会を語り、政治を語った。こうした議論が繰り返されるコーヒーハウスは、人々の世論を形成する場所でもあった。

そして、フランスの人々は、フランス革命へと突き進んでいったのである。

一七八九年七月、コーヒーハウス「カフェ・ド・フォア」での演説を皮切りにフランス革命は始まったと言われている。そして人々は、次々にコーヒーハウスに集まった。フランスの歴史家ジュール・ミシュレは、フランス最古のコーヒーハウス「カフェ・ド・プロコープ」のようすをこう評している。

「続々と集まった人々は、その鋭いまなざしで、黒い飲み物の奥に革命の年の輝きを見たのだ」

これがコーヒーの力なのである。

アメリカの栄光はコーヒーにあり

現在、アメリカは世界でもっともコーヒーを消費する国である。アメリカはコーヒーで有名である。「アメリカンコーヒー」という言葉もあるし、スターバックスに代表されるシアトルコーヒーは、世界中の人々に飲まれている。

アメリカ人はコーヒーが好きである。それは、コーヒーがアメリカの独立のシンボルだからとも言われている。

アメリカ独立戦争の発端は、ボストン茶会事件（一六一ページ）にあると言われている。

イギリスの植民地であったアメリカでは、もともと紅茶を好んで飲んでいたが、イギリスはアメリカが輸入する紅茶に重税を掛けていた。さらには安価な密輸品を厳しく取り締まったのである。この強圧的な植民地政策に我慢できなかった人々は、イギリスからやってきた船を襲い、積み荷の紅茶すべてをボストン港に投げ捨ててしまった。この事件を発端にして、両国の関係は悪化し、ついには独立戦争が始まる。

人々はカフェインに魅了され、それほどまでに、紅茶を飲みたかったのである。そして、独立を果たしたアメリカの愛国者たちは、イギリスを連想させる紅茶ではなく、当時、中南米で生産が始まっていた新大陸産のコーヒーを好んで飲むようになった。

アメリカが独立を果たしてから八十年余りが経った一八六一年。アメリカを二分した南北戦争が起こる。このとき大量のコーヒー豆を保持していたのが北軍だった。北軍は兵士たちを鼓舞し、興奮させるために、カフェインを含むたっぷりのコーヒーを兵士たちに振る舞ったという。後のアメリカ合衆国第二五代大統領となるウィリアム・マッキンリーは、南北戦争の英雄とされているが、その功績は、激しい砲撃をかいくぐり、前線の兵士たちにコーヒーを届けて回ったことにあると言われている。

一方、南軍はコーヒーの入手ができなかった。そしてドングリなどの代用品を材料にしたコーヒーを飲んでいたという。もちろん、ドングリコーヒーにカフェインはない。

そして、誰もが知るように、南北戦争は北軍の勝利に終わった。もしかすると、それはコーヒーが明暗を分けた戦いだったのかもしれない。

奴隷たちのコーヒー畑

現在、コーヒーの生産量で世界一を誇るのは、ブラジルである。

北軍の兵士たちの間で定着したコーヒーを飲む習慣は、兵士たちが故郷に帰ると、アメリカ全土に広がっていった。

そして、アメリカが工業国として発展すると、コーヒーは労働者たちの飲み物として親しまれていったのである。

こうしたアメリカのコーヒーの需要を支えたのが、ブラジルのコーヒーである。アメリカの綿花栽培（一四五ページ）や、中米でのサトウキビ栽培（二〇二ページ）がそうであったように、残念ながら、南米におけるコーヒー栽培もまた、アフリカから強制的に連れてこられた奴隷たちに支えられたものであった。

当時、新大陸とヨーロッパとアフリカでは、大西洋を挟んで三角貿易が行われていた。新大陸から綿花や砂糖をヨーロッパに運んだ船は、ヨーロッパからアフリカに工業製品を運ぶ。そして、アフリカから奴隷たちを新大陸に運び、綿花栽培やサトウキビ栽培の労働力としたのである。

南北戦争が奴隷解放を掲げていた北軍の勝利に終わり、アメリカでの奴隷の輸入を禁じてからは、その貿易船はブラジルにやってきた。

そして、ブラジルのコーヒーをアメリカに運び、アメリカから綿花をヨーロッパに運び、ヨーロッパからアフリカに工業製品を運び、奴隷たちをアフリカからブラジルに連れてきたのである。

ブラジルの奴隷制度が廃止されたのは、一八八八年のこと。これは、世界でもっとも遅い。それだけ、コーヒー栽培が、奴隷に依存していたということなのだろう。

こうして、ブラジルで奴隷制が廃止されて、やっと世界のすべての奴隷が解放されたのだ。

奴隷制が廃止されると、足りない労働力を補うために、ヨーロッパから貧しい移民たちがブラジルにやってくるようになった。そして、二十世紀になると日本からもブラジルへ移民するようになる。

第一次世界大戦が始まると、ヨーロッパ各国は、ブラジルへの移民を制限するようになった。一方、当時の日本人はアメリカに移民をしていたが、移民が増加することを懸念したアメリカの要請によりアメリカへの移民が自粛されるようになった。そして、関東大震災によって多くの人が職を失うと、人々は新天地での生活を夢見て、ブラジルに渡り、コーヒー農園での仕事に従事したのである。

コーヒー農園での農作業は、けっして楽な仕事ではない。しかし、ブラジルに移住した日系の人々は苦労を乗り越え、ブラジルのコーヒー生産を支えたのである。

日本にコーヒーがやってきた

それにしても、日本人はコーヒーが好きである。日本でのコーヒーの歴史はどのようなものだったのだろう。

日本にコーヒーが伝えられたのは、江戸時代のことと言われている。しかし、当時の人々にとってコーヒーという異国の飲み物は、受け入れにくいものであった。

やがて明治の文明開化になると、西洋文明への憧憬とともにコーヒーが飲まれるようになっていくが、それも上流階級に限られた話であった。

コーヒーが日本に普及するのは、明治時代の終わりから大正時代にかけてのことである。コーヒーは、オシャレでハイカラで知的で文化的な飲み物だったのだ。

一般の庶民にコーヒーが普及したのは、第二次世界大戦後のことだろう。圧倒的な勢いで押し寄せるアメリカ文化とともに、コーヒーも日本に持ち込まれ、欧米の生活に憧れる日本人の食卓にも取り入れられていったのである。

コーヒーは何となく、知的でカッコいいイメージがある。「コーヒーの味」が好きというよりも「コーヒーを飲む雰囲気が好き」だったり、「コーヒーを飲んでいる自分が好き」という人も多いのかもしれない。

それは、けっして錯覚ではないだろう。実際にコーヒーのカフェインは、私たちの脳を研ぎ澄ませ、心地よさや覚醒を与えてくれる。

もっとも、日本には、古くからカフェインを含む「お茶」があった。

それでも、日本人はコーヒーを好む。あるアンケート（ウェザーニュース、二〇二〇）によると、「寒くなる時季の飲み物、あなたは何派？」でコーヒーを選んだ人は六七パーセント。これは緑茶を選んだ一四パーセントを大きく上回っている。

さまざまな理由があるだろうが、お茶を飲み慣れた日本人にとっても、コーヒーのカフェインは魅惑的なものなのかもしれない。

日本人が古くから飲んできた番茶に含まれるカフェインの量は、一杯当たりおよそ一〇ミリグラムである。一方、高級なお茶であった煎茶は二〇ミリグラムである。

これに対して、コーヒー一杯には、六〇ミリグラムものカフェインが含まれる。日本人にとっては、今まで経験したことのないカフェインの量なのだ。

日本に伝えられたチャは、もともと寒さに強く、カフェイン量の少ない中国種と呼ばれる種類である。しかも、チャはカフェインの苦味よりも、カテキンの渋味が際立つ。そのため、カテキンの渋味を抑えて、日本人の好きな新鮮な青臭い香りや、旨味を引き立たせた日本茶が作られてきた。その結果として、私たちが飲むお茶に含まれるカフェインの量も抑えられてきたのである。

そこに、カフェインの魅力を前面に発揮したコーヒーがやってきた。

今やコーヒーは日本特有の進化を遂げている。

自動販売機に陣取るホットやアイスの缶コーヒーは日本で発明された、日本特有のものだ。コーヒーゼリーも日本で考案されたと言われている。コーヒーゼリーの起源については諸説あり、海外で考案されたという説もあるが、海外では日本ほどコーヒーゼリーは一般的ではない。由来はともあれ、食べるコーヒーであるコーヒーゼリーは、日本で普及した独特のものと言っていいだろう。

また、日本のコーヒー文化には、日本の茶の文化の影響が感じられることもある。

日本人は、砂糖もミルクも入れないブラックコーヒーを好む傾向にある。ブラックコーヒーを飲むのが本格的な通の飲み方であり、コーヒー本来の味がわかると思う人も多いだろう。しかし、海外ではブラックコーヒーは一般的ではない。砂糖やミルクをたっぷり入れるのが、コーヒーの伝統的で、本来の飲み方だ。

混ぜ物を入れずに、純粋な味を楽しむというのは、日本の独特の価値観である。砂糖もミルクも入れない日本茶のピュアな飲み方の影響を受けているのだろう。

また、喫茶店に行けば、マスターが一杯ずつていねいにドリップしてコーヒーを淹(い)れてくれる。そこにあるのは、まさに茶道の一期一会(いちごいちえ)の世界である。

最近ではあまり言わなくなったが、左側にセットされたカップの把手(とって)を右側に回してから飲むのがマナーとされたこともあった。カップを回して飲む作法は、茶道の影響だろう。

こうして、世界史を動かしてきたコーヒーは、日本にたどりつき、ガラパゴス的な進化を続けているのである。

第10章 サトウキビ——人類を惑わした甘美なる味

手間のかかる栽培のために必要な労力として、
ヨーロッパ諸国は植民地の人々に目をつける。
そして、アフリカから新大陸に向かう船に、
サトウキビ栽培のための奴隷を積むのである。

人間は甘いものが好き

人間は甘いものが大好きである。

子どもたちは甘いお菓子に目がない。大人たちも、ちょっとした自分へのご褒美にスイーツを買ったり、ケーキバイキングに並んだりする。

甘味は「糖」であり、私たちの活動のエネルギーになる成分である。かつて人類の祖先は森に棲み、植物の果実を食べるサルであった。植物の果実は熟すと甘くなる。つまり「甘味」というのは植物の熟した味なのである。このエサを探し当てるために、人類は甘い匂いや甘い味を好んで識別する能力を身につけたのだ。

人工甘味料があふれた現代では、甘いものの摂りすぎが問題になるが、自然界で甘いものに危険なものはない。むしろ、それはエネルギーを効率よく摂取することのできる貴重な食料である。そのため、私たちは甘いものを喜ぶのである。

しかし、草原で進化をした人類は、森の甘い果実の味を、味わう機会が少なくなってしまった。

人類が最初に手にした甘味は蜂蜜であったと言われている。驚くべきことに紀元前二五〇〇年頃には、すでに蜂蜜が食されていたようだ。

農業が始まると、穀物のデンプンが甘味の原料となった。

ムギの種子から芽を出した麦芽は、デンプンを分解するジアスターゼを多く含んでいる。そのため、この麦芽をデンプンに加えると、デンプンが分解されて糖が作られるのである。これが麦芽糖である。昔は、この麦芽糖を調味料として利用したのである。

砂糖を生産する植物

現在、砂糖の原料として用いられている植物がサトウキビである。サトウキビはイネ科の植物であるが、三メートルもの高さに成長する。そして、熱帯の強い光の下で豊富な光合成を行い、光合成で作った糖を茎に蓄えるのである。

サトウキビは、もともと東南アジア原産の熱帯性の植物である。そして、この植物から砂糖を精製することを可能にしたのは、インド人であった。そういえば、仏教を開いた釈迦も、苦行を終えたときに砂糖の入った乳粥を食べている。

しかし、熱帯地域でしか栽培することのできないサトウキビから得られる蔗糖(しょとう)は、他の地域の人々にとっては、極めて貴重なものであった。

なにしろ飽食の現代とは違って、ともすれば栄養の不足しがちな時代のことである。直接的なエネルギー源となる砂糖には、体力をつけるための薬効があった。そのため、高価な薬として扱われていたのである。

砂糖はインドから世界中に伝えられていったが、ヨーロッパには十字軍の遠征によって広められたとされている。

しかし、サトウキビから作られる蔗糖は、一部の王族や貴族だけが口にすることのできる贅沢品だったのである。

奴隷を必要とした農業

それまでの農業は奴隷を必要としていなかった。

ところが、サトウキビは違う。なにしろサトウキビを栽培し、収穫するのは重労働である。

それまでの農業にも重労働はあったが、鋤で畑を耕すような単純な作業は、ウシやウマを使うこともできた。しかし、サトウキビは三メートルを超える巨大な植物である。収穫という、家畜ではできない作業が重労働となる。二十世紀になって機械が開発されるまでは、サトウキビの重労働は人力で行われるものだった。

しかもサトウキビは、収穫した植物から砂糖を精製する作業が必要になる。サトウキビは収穫した後、茎の中の糖を蓄えた部分が、次第に固くなっていく。当時は、この茎が固くなる前の新鮮なうちに煮出さなければならないと考えられていた。そのため、収穫したサトウキビを積んで保管しておくことをしなかったのだ。

そこで考えられた方法が、大量のサトウキビを一斉に収穫し、一度で精製作業をしてしまうことである。そのためには一気にサトウキビを収穫するための大量の労働力が必要となるのだ。

サトウキビはのんびりと栽培していることができない。一気に収穫して、一気に精製していく。これを常に繰り返していくのだ。これは、牧歌的な農業には程遠く、もはや工業生産である。そして、この作業を効率化するために、サトウキビ畑は大規模化していった。

しかも収穫してすぐに精製しなければならないとなると、他の作物のように市場に出荷して、買い取られた後に加工されて……というような時間はない。そのため、サトウキビを収穫すると同時に精製する工場も造られた。あとはひたすら砂糖を生産するだけだ。

これがプランテーションである。

プランテーションは大量の労働力を必要とする。最初のうちは戦争で得た捕虜を使っていたが、それでも足りない。次第に奴隷を必要とするようになっていくのである。

砂糖のない幸せ

笑い話がある。

南の島で人々はのんびりと暮らしている。外国からやってきたビジネスパーソンが、それを見て、どうしてもっと働いて稼がないのかと尋ねる。そんなに稼いでどうするんだと問う住民に、ビジネスパーソンはこう答える。「南の島で、のんびり暮らすよ」。それを聞いた島の人々はこう言うのだ。「それなら、もうとっくにやっている」。

自然の豊かなところと、自然の貧しいところでは、どちらの農業が発達するだろうか。

農業は重労働である。農業をしなくても暮らせるのであれば、その方が良いに決まっている。食べ物にあふれた南の島のようなところでは、農業は発展しにくいのだ。

しかし、自然の貧しいところでは違う。農業は重労働だが、農業を行うことで安定的に食べ物を得ることができる。だから、人々は働くのである。

大西洋とカリブ海の間に浮かぶ西インド諸島の島々は、食べ物の豊富な島であったことだろう。しかし、その豊かであるはずの島々で、重労働を伴う農業が行われた。それがサトウキビ栽培である。

サトウキビに侵略された島

スペインはコロンブスの航海によってアメリカ大陸に到達したが、目的としていたコショウを見つけることができなかった。もともとスペインがコロンブスの航海を支援したのはコショウによって莫大な富を得るためであったから、アメリカ大陸に到達しただけで満足することはできない。そこで、西インド諸島では富を生むための経済活動が行われたのである。

アメリカ大陸に到達したコロンブスは、ヨーロッパへさまざまな珍しい植物をもたらした人物でもある。しかし一方で、旧大陸の植物をアメリカ大陸に持ち込んで栽培することも試みていた。ポルトガル沖のマデイラ諸島で栽培されていたサトウキビのこともよく知っていたため、カリブ海の島々の温暖な気候に注目したコロンブスは、サトウキビをアメリカ大陸に持ち込むのである。

このサトウキビの導入は、まさにコショウに代わる富を生みだすものであった。アメリカ大陸でのサトウキビの栽培によって、大量の砂糖がヨーロッパに持ち込まれるようになる。

サトウキビは食料ではない。嗜好品である。

サトウキビがなければ飢え死にしてしまうということはないし、砂糖ばかりがたくさんあっても人は生きていくことはできない。

しかし、富を求めるスペインの支配によって、豊かな島の森は焼き払われて広大なサトウキビ畑となったのである。

アメリカ大陸と暗黒の歴史

スペインがアメリカ大陸でのサトウキビ栽培に成功すると、ヨーロッパ諸国もこぞってアメリカ大陸の植民地でサトウキビ栽培を行うようになる。そして、サトウキビは中米の島々で栽培されるようになったのである。

ヨーロッパで行われるムギ栽培や牧畜は粗放的であり、それほど労働力を必要としない。しかし、サトウキビは栽培や収穫作業に多大な労働力を必要とする。また、サトウキビから砂糖を精製する過程でも労力を必要とした。

ヨーロッパの人々は当初、アメリカ大陸の先住民を労働力として利用していた。しかし、侵略や戦闘によって現地の人口は減少していた。しかもヨーロッパから持ち込まれた疫病によって急減してしまったのである。

サトウキビ栽培のために、必要な労働力をどのように確保するか。ヨーロッパ諸国が目をつけたのが、植民地にしていたアフリカの人々であった。

ヨーロッパ諸国は、アメリカ大陸で栽培したサトウキビ（砂糖）を輸入すると、その船で工業製品を植民地化していたアフリカに運んだ。そして、アフリカからアメリカ大陸に向かう船に、サトウキビ栽培のための奴隷を積んだのである。

サトウキビの栽培は過酷な労働である。奴隷たちはこき使われ、次々に命を落としていった。しかし、奴隷は消耗品に過ぎなかった。短期間、重労働をさせて使い物にならなくなったとしても、アフリカから次々に補充の奴隷たちが運ばれてくる。

この三角貿易は、サトウキビ栽培だけでなく、綿花栽培など工業原料となる作物生産にも応用されていった。

こうして一四五一年から、奴隷制が廃止される一八六五年までの間に、九四〇万人にものぼるアフリカの人々が奴隷としてアメリカに運び込まれたのである。

まさに暗黒の歴史と言っていいだろう。

それは一杯の紅茶から始まった

ヨーロッパの人々にとって、砂糖の価値を一気に高めた植物がある。それが先に紹介したチャである。

十七世紀になって中国からヨーロッパにチャが伝わると、一杯の紅茶を飲むひとときは、中世ヨーロッパの上流階級の人々にとって至福の時間になった。この一杯に砂糖のひとかけらを入れたことによって、大勢の男女が生まれ故郷を離れて奴隷生活を強いられるような人類の悲劇の歴史が始まったのだと、エリザベス・アボットの著書『砂糖の歴史』は伝えている。

紅茶は健康に良いとされる東洋の飲み物であった。ただし、もともと中国では紅茶に砂糖を入れる習慣はない。そのため、紅茶は単に苦い飲み物であった。しかし、それに砂糖が加わることで、紅茶は嗜好品としても魅力的なものになった。最初に紅茶に砂糖を入れた人物は明らかではないが、東洋の神秘的な飲み物であるチャに、アメリカ大陸の砂糖を入れた甘い紅茶は、ヨーロッパの人々の間に瞬く間に広まった。

やがてチャを飲む習慣が庶民の間に広がっていくとともに、チャに入れる砂糖の需要もまた爆発的に増大していった。

紅茶だけではない。

世界の三大飲料とされる紅茶、コーヒー、ココアはすべてヨーロッパの人々にとって異国の飲み物である。これらの飲み物は、中枢神経を興奮させる覚醒作用を持つカフェインを含んでいる。そのため強壮剤として人気があったのである。しかし、カフェインは苦味物質でもあり、これらの飲み物はすべて苦い。ところが、砂糖の存在がこれらの飲み物を魅惑の味に変えていくのだ。

そして、砂糖が手に入りやすくなると、甘いお菓子やデザートが考案された。そして甘いスイーツは、カフェインを含む苦味のある飲み物をより魅力的なものにしていった。こうして、砂糖は贅沢品から必需品へと変わっていき、人々は大量の砂糖を求めるようになるのである。

そして多民族共生のハワイが生まれた

ハワイには先史時代以降、原産地である東南アジアからサトウキビが持ち込まれていた。そして、十九世紀になってヨーロッパからの探検家がハワイを発見すると、アメリカ大陸を経由してサトウキビが持ち込まれた。つまり、東南アジアから東回りで伝えられたサトウキビと、アメリカ大陸を経由して西回りで伝えられたサトウキビとが、地球を一周してハワイで出合ったのである。

アメリカが占有することになったハワイでのサトウキビ栽培も労働力を必要としていたが、当時のアメリカは南北戦争の最中でアフリカから奴隷を連れてくることもできない。また、奴隷制度も終わりを告げようとしていた頃のことである。

暖かな南の島では、重労働をしなくても食べていくことができる。ハワイの先住民たちは、重労働であるプランテーションで働こうとはしなかった。

そこで、一八五〇年代には中国から大量の労働者がハワイに連れてこられた。彼らは奴隷ではなく労働者であった。そのため、やがて賃上げと労働環境の改善を要求するようになった。また、中には街に出て商売を始める者も少なくなかった。そこで、中国人に代わる人材として、一八六〇年代になると日本人の男性を連れてきた。

そして日本人が賃上げを要求するようになると、今度はフィリピン人や朝鮮人を連れてきたり、ポルトガル人やスペイン人も連れてきたりした。やがて奴隷解放が行われたアメリカ本土からは、アフリカ系のアメリカ人も仕事を求めてやってきた。

このように奴隷を使うことのできなかったハワイでは、競争原理を導入して賃金を安くしようとさまざまな民族が移入されたのである。

そして、世界でも稀(まれ)に見る多民族・多文化が共生する社会が作られていくのである。

しかし、移住した民族の中でも、日本人の男性は母国に写真を送って縁談を進めて、日本人女性をハワイに迎え入れて家族を作った。そして、労働契約が終了した後もハワイに残り、日系人の社会を形成していったのである。

第11章

ダイズ——戦国時代の軍事食から新大陸へ

中国原産のダイズから生まれた味噌は、
徳川家康と三河の赤味噌、武田信玄と信州味噌、伊達政宗と仙台味噌など、
戦国時代に栄養豊富な保存食として飛躍的に発展を遂げていく。

ダイズは「醤油の豆」

ダイズは英語でソイビーンと言う。ソイというのは醤油のことである。つまり、ソイビーンは「醤油を作る豆」という意味なのである。

ダイズは中国原産の作物である。中国からアジア各地に伝えられたダイズは、日本には縄文時代以前に伝えられたと考えられており、古くから食べられてきた。そして、奈良時代以降に醤油や味噌などのダイズの加工技術が中国から伝えられると、日本の食事を成す基本的な作物の一つとなっていったのである。このようにダイズは長い間、アジアを中心に栽培されてきた作物である。しかし、現在ではダイズは世界中で栽培されている。

世界で最も栽培されている作物はトウモロコシである。次いでコムギ、イネの生産量が多い。そのため、トウモロコシ、コムギ、イネは世界三大穀物と呼ばれている。

そして、四番目に作られている作物がジャガイモであり、五番目に作られている作物がダイズなのである。

ダイズの生産量が世界で最も多い国はアメリカであり、次いで二位がブラジルである。今やダイズはアメリカ大陸で世界の八五パーセント以上が生産されている。トウモロコシやジャガイモ、トマトなど、アメリカ大陸を原産地として世界中で栽培されている作物は多いが、中国原産のダイズは逆にアメリカ大陸に伝えられて、現在では盛んに栽培されているのである。

中国で栽培されていたダイズは、どのようにして世界へと広まっていったのだろうか。

中国四千年の文明を支えた植物

世界の古代文明の発祥は、主要な作物と関係している。

メソポタミア文明やエジプト文明には、オオムギやコムギなどの麦類がある。また、インダス文明には麦類とイネがある。長江文明にはイネがあり、そして黄河文明にはダイズがある。

アメリカ大陸に目を向けると、アステカ文明やマヤ文明のあった中米はトウモロコシの起源地であり、インカ文明のあった南米アンデスはジャガイモの起源地である。

しかし、今日ではこれらの文明は多くが滅び、現在でも同じ位置に残るのは中国文明のみである。

中国では、北部の黄河流域にはダイズやアワを中心とした畑作が発達し、南部の長江流域にはイネを中心とした水田作が発達した。

農耕を行い、農作物を収穫すると、作物が吸収した土の中の養分は外へ持ち出されることになる。そのため、作物を栽培し続けると土地はやせていってしまうのだ。また、特定の作物を連続して栽培すると、ミネラルのバランスが崩れて、植物が出す有害物質によって、植物が育ちにくい土壌環境になる。こうして早くから農耕が始まった地域では土地が砂漠化して、文明もまた滅びゆく運命にある。

しかし、中国の農耕を支えたイネとダイズは、自然破壊の少ない作物である。

イネは水田で栽培すれば、山の上流から流れてきた水によって、栄養分が補給される。また、余分なミネラルや有害な物質は、水によって洗い流される。そのため、連作障害を起こすことなく、同じ田んぼで毎年、稲作を行うことができるのである。

また、ダイズはマメ科の植物であるが、マメ科の植物はバクテリアとの共生によって、空気中の窒素を取り込むことができる特殊な能力を有している。そのため、窒素分のないやせた土地でも栽培することができ、他の作物を栽培した後の畑で栽培すれば、地力を回復させ、やせた土地を豊かにすることも可能なのである。

雑草から作られた作物

ダイズの祖先（原種）は、ツルマメと呼ばれる植物である。現在でも、ダイズとツルマメとは交雑して種子を作ることができる。それだけ、近縁ということなのだ。

ところが、ツルマメとダイズとでは見た目が異なる。

ツルマメは、その名のとおり、アサガオのように、つるで巻きついて育つ「つる植物」である。ツルマメは、現在でも畑のまわりなどで見ることのできる雑草である。これに対して、作物として栽培されているダイズは、つるで伸びることはなく、自分の茎で直立している。どのようにして、つる植物から、直立する作物が作り上げられたのだろうか。

残念ながら、この理由は明らかではない。

ただし、植物の立場に立ってみれば、直立せずに、他の植物に巻きつきながらつるで伸長していくことは、早く大きくなるために有利な性質である。

一方、人間の立場に立ってみれば、つるで伸びる植物を育てることは手間が掛かる。つるが伸びるための支柱を立てなければならないし、お互いに絡み合うと、収穫するのが大変である。そこで、直立する特徴を有する系統が選び出されたのだろう。

現在では、さまざまな品種改良の技術が開発されているが、数千年前に作りだされたダイズの姿は、当時からほとんど変わっていない。つる植物から直立するダイズを作りだしたような劇的な変化はないのである。

「畑の肉」と呼ばれる理由

日本人の主食であるご飯には、味噌汁がよく合う。

ご飯と味噌汁の組み合わせは、和食の基本である。これには理由がある。

味噌の原料はダイズである。じつはコメとダイズとは、栄養学的に相性が良いのである。

日本人の主食であるコメは、炭水化物を豊富に含み、栄養バランスに優れた食品である。一方、ダイズは「畑の肉」と言われるほどタンパク質や脂質を豊富に含んでいる。そのため、コメとダイズを組み合わせると三大栄養素である炭水化物とタンパク質と脂質がバランス良く揃うのである。

ダイズが畑の肉と言われるほどタンパク質を多く含むのには理由がある。

ダイズなどのマメ科の植物は、窒素固定という特殊な能力によって、空気中の窒素を取り込むことができる。そのため、窒素分の少ない土地でも育つことができるのである。

しかし、種子から芽を出すときには、まだ窒素固定をすることができない。そのため、窒素を固定するまでの間、種子の中にあらかじめ窒素分であるタンパク質を蓄えているのである。

一方、イネの種子であるコメは、炭水化物を豊富に含んでいる。

種子の栄養分であるタンパク質や脂質は、炭水化物に比べると莫大なエネルギーを生みだすという特徴がある。ところが、タンパク質は植物の体を作る基本的な物質だから、種子だけではなく、親の植物にとっても重要である。また、脂質はエネルギー量が大きい分、脂質を作りだすときにはそれだけ大きなエネルギーを必要とする。つまり、タンパク質や脂質を種子に持たせるためには、親の植物に余裕がないとダメなのだ。

イネ科の植物は草原地帯で発達したと考えられている。厳しい草原の環境に生えるイネ科の植物にそんな余裕はない。そのため、光合成をすればすぐに得ることができる炭水化物をそのまま種子に蓄え、炭水化物をそのままエネルギー源として芽生え、成長するというシンプルなライフスタイルを作り上げたのである。

そして、この炭水化物が、人類の食糧として利用されているのである。

コメとダイズは名コンビ

このように炭水化物を多く含むイネと、タンパク質を多く含むダイズとの組み合わせは、栄養バランスが良い。

それだけではない。

さまざまな栄養素を持ち完全栄養食と言われるコメであるが、唯一、アミノ酸のリジンが少ない。このリジンを豊富に含んでいるのがダイズなのである。

一方、ダイズにはアミノ酸のメチオニンが少ないが、コメにはメチオニンが豊富に含まれている。そのため、コメとダイズを組み合わせることによって、すべての栄養分が揃うことになるのである。

そういえば、昔から食べられてきたものには、コメとダイズの組み合わせが多い。

味噌はダイズから作られる。すでに紹介したように、和食の基本であるご飯と味噌汁は、コメとダイズの組み合わせである。納豆もダイズから作られる。ご飯と納豆も相性はバッチリだろう。

また、ダイズから作られるものには、きなこや醤油、豆腐などがある。きなこと言えば、きなこ餅だろうし、醤油は、コメから作られる煎餅によく合う。また、コメから作られる日本酒には、冷奴や湯豆腐がよく合う。さらには酢飯と油揚げの稲荷寿司も、コメとダイズが材料となる。

私たち日本人が昔から親しんできた料理には、コメとダイズの組み合わせが多いのである。

戦争が作り上げた食品

戦争というのは、多くの技術を生みだす原動力となる。

たとえばインターネットやGPSも、もともとは軍事目的で開発されたものが平和利用されているものである。

戦争で重要なのは、兵器ばかりではない。戦うのは人間だから、人間の食糧が必要になるのである。たとえば一万人の兵士がいるとすれば、毎日、一万人分の食事が必要になる。そのため、さまざまな食品が軍事用に作られた。

たとえば保存が利くレトルト食品やフリーズドライ食品なども、もともとは軍事目的で開発された技術を基礎としている。

歴史をさかのぼれば、日本の戦国時代にも画期的な戦陣食が作られた。

それが味噌である。

味噌は、もともと飛鳥時代に中国から日本に製法が伝えられたとされている。

この味噌が、戦国時代に飛躍的に発展を遂げるのである。

今では味噌と言えば調味料の一つに過ぎないが、戦国時代の武士にとって、味噌はとても重要なものであった。発酵食品である味噌は、保存が利く食品である。しかも、干したり焼いたりして味噌玉にすれば、簡単に携帯することができる。そして、お湯に溶けば簡単に味噌汁にすることができるし、さらに野草を摘んで具にすれば、栄養を補給することができたのである。中には味噌玉と一緒に干し葉を入れて干し固めた、現在のインスタント味噌汁のようなものもあったという。

味噌は戦陣食として、なくてはならないものだったのである。

さらに、ダイズから作られる味噌は、ストレス軽減に働き「幸せホルモン」と呼ばれている神経物質セロトニンの元となるトリプトファンを豊富に含んでいる。つまり、味噌を食べていると、セロトニンの効果で心が落ち着く一方で、気持ちが前向きになり、士気が高まるのである。さらに、味噌には、脳の機能を活性化させるレシチンが含まれており、摂ることで迅速で冷静な判断が期待できる。また、疲労回復や免疫機能強化に効果のあるアルギニンなども含まれており、丈夫な体も維持される。

家康が愛した赤味噌

徳川家康を支えた三河武士は、勇猛な武士団としてその名が知られていた。

この勇猛な武士たちのソウルフードが味噌であった。江戸幕府を開いた後も、徳川家康とその家臣団は、三河の赤味噌を取り寄せていたという。

現在でも名古屋と言えば、味噌カツや味噌煮込みうどんなど、味噌文化で知られている。この名古屋の味噌は、独特の赤い豆味噌である。

豆味噌はもともと愛知県西部の尾張国ではなく、家康のふるさとである愛知県東部の三河国の特産品である。

もともと味噌はダイズのみを原料として作られた。ところが、その後、技術が発達すると、発酵を早めて味噌作りの期間を短縮するために、コメやムギの麴（こうじ）が味噌に加えられるようになった。

ところが、三河地域では昔ながらの豆味噌が作られていた。

三河地域は水の便が悪い台地状の地形が多く、水田を拓（ひら）くことができなかった。さらに土地がやせているため、作物の栽培が困難な地域が多かった。そのため、やせた土地でも育つダイズが盛んに栽培されたのである。そして、このダイズのみを使った豆味噌が作られ続けたのである。

三河は土がやせていて決して恵まれているとは言えない。また、冬には三河の空っ風と呼ばれる厳しい季節風が吹きすさぶ。後に天下人となった家康を支えた三河武士の屈強さは、この厳しい自然環境のなかで培われたのかもしれない。

武田信玄が育てた信州味噌

甲斐の武田信玄も、有名な味噌を作り上げている。それが信州味噌である。甲斐の武田信玄の領地は、山に囲まれた地形が多かった。そして田んぼが少なく、コメがとれない山国では、昔からダイズを使った味噌作りが盛んだったのである。そして、信州味噌が作られた信濃は、当時、武田信玄の支配下にあった。

武田信玄が考案したものは「陣立味噌（じんだて）」と呼ばれている。

陣立味噌は、豆を煮てすりつぶし、麴を加えて丸めたものである。こうしておくと、行軍をしている間に発酵が進み、味噌として食べることができるのである。この陣立味噌は非常に実用的なので、戦国時代には多くの武将が用いていた。いかにも実利主義者らしい信玄の考案である。

さらに、味噌は塩分を摂る上でも都合の良い食品である。信玄が支配する甲斐や信濃は海がないため、塩の備蓄が必要となる。味噌はこの塩分の備蓄という点でも、重要であったのである。

武田家の文書には、「川中島をはじめ信濃国全域の左右五里（約二〇キロメートル）に味噌作りを奨励すること」と記されている。

川中島は、信玄のライバルである越後国の上杉謙信との戦いが繰り返された場所である。信玄は、戦いに備えてダイズ作りを勧め、味噌作りを奨励したのである。

この武田信玄の兵糧が、後に信州味噌として全国に名を馳せるようになるのである。

伊達政宗と仙台味噌

仙台味噌もまた軍事食として発達した。仙台味噌は、伊達政宗ゆかりの味噌である。

伊達政宗は、軍事用の保存食として味噌を重視した。そして、仙台城下に「御塩噌蔵(おえんそぐら)」と呼ばれる味噌醸造所を設け、大規模に味噌を製造したのである。この御塩噌蔵は日本初の味噌工場と言われている。

仙台味噌が有名になったのは、秀吉の朝鮮出兵である。夏場の長期戦で他の武将の味噌は腐敗してしまったが、伊達政宗が持参した味噌は変質しなかったという。そして、政宗はこの味噌を他の武将にも分け与えたため、政宗の味噌は一気に名声を得た。そして、政宗の持参した味噌は「仙台味噌」と呼ばれるようになったのである。

一般に味噌はダイズのみで作ると赤味噌となり、米麹を加えることで白味噌となる。

仙台味噌は米麹が少なくダイズが多い赤味噌である。家康の本拠地である三河は田んぼが少なかったため、ダイズのみで作る赤味噌が作られた。一方、仙台平野はコメどころのイメージがある。どうして、コメどころの仙台でダイズの多い赤味噌が作られたのだろう。

伊達政宗が東北を制したとき、天下はすでに秀吉のものになろうとしていた。そのため、政宗は秀吉や後の天下人である徳川家康の下で辛酸をなめさせられた。秀吉から一揆鎮圧を命じられた政宗は、一揆を収めたが、一揆扇動の嫌疑を掛けられて居城の米沢城を没収されてしまった。そして、一揆で荒れ果てた宮城を授かったのである。今でこそ豊かな水田地帯である仙台平野であるが、当時は湿地が広がるだけで、農業には不向きな土地だったのである。

さらに、関ヶ原の戦いの後は、徳川家康に江戸城改修を命じられ、経済的な負担を負わされる。伊達政宗の仙台藩は、じつはコメが不足する経済的に厳しい状態だったのである。そのため、コメを節約して米麴を半分にした味噌を作らせていた。そして、この赤味噌が仙台の名産として育まれてきたのである。

ペリーが持ち帰ったダイズ

すでに述べたが、ダイズは英語でソイビーンと言う。これは「醬油を作る豆」という意味である。ダイズは味噌だけでなく醬油の原料でもある。

江戸時代の安政年間に、薩摩地方（現在の鹿児島県）からヨーロッパに向けて醬油が輸出された。このときの醬油を意味する薩摩弁の「ソイ」が、ソイビーンの由来と言われている。

やがて、アメリカ大陸にも伝えられた。中国から伝えられたとも言われているが、日本を訪れたペリー率いる東インド艦隊がダイズを持ち帰ったという記録もある。

しかし、東アジアから欧米に伝わったダイズが、世界で作られることはなかった。

ダイズは、そのままで食べる食習慣はあまりない。ダイズは、豆腐や納豆、味噌など発酵食品として食べるのがほとんどである。

それが一変したのは、一九二九年の世界恐慌の頃である。

世界恐慌によって油の需要は低下し、トウモロコシの油は供給過剰によって価格が暴落してしまったのである。その一方、安価なダイズの油は、少しずつ需要が拡大していった。さらに、トウモロコシの供給過剰を抑えるために生産調整が行われる中で、トウモロコシの畑には、規制のないダイズが植えられていったのである。

その後、一九三〇年代には干ばつが続き、トウモロコシは大打撃を受けたが、やせ地に育つダイズは、その影響が少なかった。こうして、東アジアの作物であったダイズは、アメリカ全土に植えられていったのである。

今やアメリカは世界最大のダイズ生産国である。そして、アメリカとカナダを合わせると、世界の生産量の半分のダイズが北米地域で生産されている。

ただし、アメリカではダイズは食用にはせず、ほとんどが家畜のエサとして利用されている。

「裏庭の作物」

南北戦争後の奴隷解放により、アメリカ大陸では労働力が不足した。その労働力を補うために、日本から多くの人々がアメリカ大陸へと移住したのである。第10章で紹介したように、日本人はサトウキビ栽培の労働者として、ハワイへ移民した。

しかし、第二次世界大戦前に、日本とアメリカとの関係が悪化する中で、北米ではなく、南米への移民が増加していくのである。

私たちも海外旅行に出掛けると、現地の料理が口に合わないことがある。そんなとき、ありがたいのは醬油である。醬油さえ掛ければ、なじみのない異国の料理も、何となく食べやすい感じがする。また、味噌汁を飲むとホッとする。

移民の人々にとっても、それは同じだったのだろう。

移民たちは祖国からダイズを持ち込み、裏庭でダイズを育てては自家製の味噌や醬油を作っていたのである。

第二次世界大戦が始まって食糧が不足すると、南米の国々ではダイズの栽培が奨励された。しかし、なじみのないダイズの栽培が定着することはなかった。南米でダイズの栽培が本格的に行われるようになるのは、第二次世界大戦後のことである。

一九六〇年代になると、南米諸国でダイズの栽培が本格的に行われていく。これには日系移民の努力があった。そして、日本の裏側の南米でダイズ畑が拡大していったのである。

今やブラジル、アルゼンチン、パラグアイなどの南米諸国は、ダイズの生産大国である。そして「日本人の裏庭の作物が奇跡を生んだ」と評されている。

一方、アメリカ大陸にダイズを伝えた日本では、今はそのほとんどを輸入に頼っている。ダイズの自給率は一〇パーセントに満たない。外国産のダイズに頼らなければ、豆腐も味噌汁も納豆も食べることができないのである。

もっとも、一〇パーセントというのは、かなり高まった数字である。日本のダイズの自給率はほとんどゼロに近かった。それが近年、国内の生産量が高まりつつある。

いずれにしても、ダイズの自給率が低いのには理由がある。

戦後は、アメリカの農業政策により、アメリカの重要な輸出品目であるコムギやダイズについては、アメリカから供給されるようになり、日本国内の生産は縮小されてしまった。もっとも、日本も戦後の食糧難の時代であったから、輸入できるものは輸入に頼って、日本の主食であるコメの増産に力を入れていくという状況もあっただろう。

いずれにしても、「醬油を作る豆」に由来するソイビーンは、今やその多くが北米と南米で生産され、アメリカ大陸を代表する作物となっているのである。

第12章 タマネギ——巨大ピラミッド建設を支えた薬効

古代エジプトで重要な作物であったタマネギの原産地は、中央アジアである。

乾燥地帯に起源を持つタマネギは、害虫や病原菌から身を守るために、さまざまな物質を身につけた。

古代エジプトのタマネギ

タマネギは歴史の古い作物である。

紀元前のエジプト王朝時代に描かれたレリーフには、ピラミッドを造る労働者たちが、腰にタマネギをぶら下げているようすが描かれていると言う。

タマネギには疲労回復や病気を防ぐ薬効がある。そのため、重労働に耐える強壮剤として労働者に支給されていたのである。

ピラミッドを造るには、多大な労力が必要だったことだろう。もし、タマネギがなかったとしたら……。歴史に「もし」はないが、もし、タマネギがなかったら、後世に残るような巨大なピラミッドが建造されるようなことはなかったかもしれない。

さらに古代エジプトでは、ミイラを作るときにもタマネギが使われていたと言う。ミイラの目のくぼみや、脇にはタマネギが詰められたり、包帯を巻くときにタマネギを入れたりしていたらしい。タマネギには殺菌効果や防腐効果がある。そのために用いられていたのだろう。

古代エジプト人は、魂と肉体が離れても、肉体を保持していれば、再生できると考えていた。そのため、ミイラを作って肉体を長い間保持したのである。

殺菌効果があり、防腐効果を持つタマネギは、魔力を持つ作物と信じられていて、タマネギは死者にさえ活力を与えると考えられていたのである。

エジプトに運ばれる

古代エジプトで重要な作物であったタマネギであるが、その原産地はエジプトではない。タマネギの原産地は、中央アジアである。

タマネギは紀元前五〇〇〇年頃から栽培されていて、紀元前のエジプトでも栽培されるほど世界に広まっていったのである。

タマネギが古くから各地に広まっていた理由として、保存しやすいという特徴がある。タマネギは乾燥に強い。そのため、遠くまで運ぶことができるのである。さらに、タマネギの食べる部分は球根であるため、タマネギを植え付ければ、そのまま栽培して、タマネギを増やすことができるのだ。

タマネギは収穫した後、軒先などに吊るして保存する。タマネギは乾燥に強く、むしろ湿気に弱いので乾燥させておいた方が長持ちするのである。

ヨーロッパでは、家の玄関先にタマネギを吊るして魔女を追い払う魔除けとして使われていた。

実際にタマネギは抗菌活性があることから、魔除けの効果も信じられたのかもしれない。乾燥地帯に起源を持つタマネギは、害虫や病原菌から身を守るために、さまざまな物質を身につけたのである。

球根の正体

タマネギは英語で「オニオン」と言う。これはラテン語の「ユニオ」に由来している。ユニオは「真珠」という意味である。皮を剝(む)いたタマネギは、真珠のように白く美しい。そして、真珠が層を重ねているように、タマネギも層が重なっている。そのため、真珠に見立てられたのである。あるいは、タマネギの不思議なパワーに真珠の神秘さを重ね合わせたのかもしれない。

タマネギは球根であるが、実際には根ではない。この部分は、植物学では「鱗茎(りんけい)」と呼ばれている。つまり、ウロコ状になった茎という意味である。

しかし、実際には茎でもない。私たちが食べるタマネギは、実際には「葉っぱ」

の部分だ。

タマネギを縦に半切りすると、一番下の基部のところにわずかに芯がある。これがタマネギの茎で、この茎から重なり合って出ているのが葉である。

タマネギは乾燥地帯で生き抜くために、この葉の部分を太らせて、栄養分を蓄えているのである。

日本にやってきたタマネギ

タマネギと同じ仲間の作物にはネギやニンニクなどがある。これらもタマネギと同じ抗菌物質を持っているので、昔から魔除けに用いられてきた。ニンニクが中世ヨーロッパではドラキュラ除けに用いられていたというのは有名だろう。

日本では古くから、お寺や神社の建物や、お寺の階段や手すり、橋の欄干などにネギ坊主のような形をした飾りを設ける。近代的な建物では日本武道館の屋根の上にあって、武道館を舞台にした「大きな玉ねぎの下で」（作詞：サンプラザ中野くん、作曲：嶋田陽一）という歌もあった。

この飾りは擬宝珠（ぎぼし）と呼ばれている。擬宝珠はタマネギではなく、ネギの花であるネギ坊主を模している。日本では古くからネギが魔除けとして用いられていたのである。

日本にタマネギが伝えられたのは江戸時代のことである。防腐効果があり、保存が利くタマネギは、長い航海の食料として適していた。そのため、長い航海に出掛ける船はタマネギを積んでいたのである。

こうしてタマネギは日本にやってきたオランダ船から長崎へ伝えられたが、ネギ類が豊富に栽培されていた日本では、タマネギは食用としては普及しなかった。その代わり、ネギに比べると花が美しいため、観賞用の植物として栽培されたのである。

タマネギが食用として本格的に栽培されるようになったのは、明治時代になり、さまざまな西洋野菜が導入されるようになってからである。しかし、試作に成功した後も、「ラッキョウのおばけ」と噂され、なかなか日本人の間に普及しなかったと言う。

ところが、である。明治時代に関西でコレラが流行すると、どこからともなく

「タマネギがコレラに効くらしい」という噂が広まった。そして日本中に一気に広まっていったのである。

もちろん、迷信だったが、こうして日本の食卓にもタマネギが登場するようになったのである。

第13章 チューリップ——世界初のバブル経済と球根

東インド会社を設立したオランダは海洋交易で資産を蓄えており、オランダ黄金時代の幕開けの時期だった。

そして、人々は余っていたお金で球根を競って買い求めたのである。

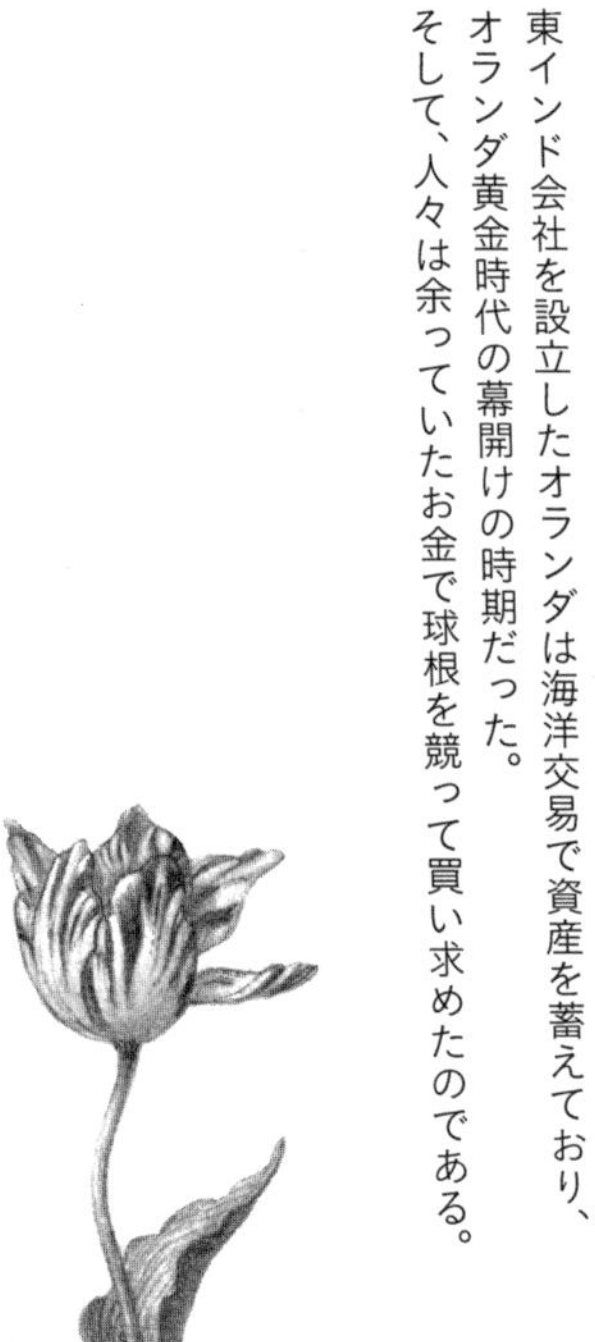

勘違いで名付けられた

チューリップというと、オランダをイメージしやすいが、チューリップの原産地は中近東である。

野生のチューリップは、十字軍によってヨーロッパにもたらされたとされている。その後、トルコで品種改良が重ねられ、育成された園芸種が、十六世紀にオランダ商人によって自国に紹介された。

チューリップの名称を聞かれたトルコ人通訳が、「このターバンに似た花か？」と問い直した。そして、ターバンを意味する「チュルバン」という言葉が伝えられて、やがてチューリップとなったのである。実際には、トルコ語ではチューリップは「ラーレ」と言う。

「チューリップ」は勘違いから付けられた名称だったのである。

春を彩る花

オランダは冬の寒さが厳しい。そのため、冬を越して春に花を咲かせる植物が少なかったのである。

オランダに持ち込まれたチューリップは、オランダ最古の植物園であるライデン大学植物園で試験栽培が行われた。すると球根で冬を越すチューリップは、オランダの冬の寒さを乗り越えて、美しい花を咲かせたのである。

しかも、チューリップの花の色は目が覚めるほど鮮やかである。オランダの人々は春を彩る美しい花に驚いたことだろう。そして、チューリップは春の花として、オランダの人々の間で人気が高まるのである。

物の価格は、需要と供給で決まる。欲しい人が少なく、物が余れば、価格は下がる。これに対して、欲しい人が多く、物が少なくて足りなくなれば、物の価格は上がる。物が高価になれば、その金額を出してまで欲しい人は少なくなる。こうして需要と供給のバランスが取れれば、価格が決まるのである。もし高価になっても欲しい人が多ければ、価格はさらに上昇していく。

当時のオランダは東インド会社を設立し、海洋交易で資産を蓄えていたときであった。まさにオランダ黄金時代の幕開けの時期だったのである。

人々は財産を持ち、国内にはお金が余っていた。そして、人々は余っていたお金で球根を競って買い求めたのである。

バブルの始まり

人々が求めるチューリップの球根は、価格が上昇していった。

やがて高価なチューリップの球根は、ステータスシンボルとなっていく。そして、ステータスシンボルとなったチューリップの球根はますます価値が上がり、ますます人気が高まっていく。

物の価格が上昇し続けているということは、投機が期待できる。そのため、園芸に興味のない人たちも便乗して購入し、チューリップの花など見たこともない投資家たちもこぞって買い求めるようになった。

欲しい人が多くなれば、球根の価格は上がり続けていく。こうなるともう価格は天井知らずである。

チューリップは儲かる商品である。そのため、盛んに品種改良が行われて、次々に新品種が生みだされていった。珍しい品種を作りだせば、さらにチューリップの球根の価格は上がるのである。

驚くべきことに価格の高い球根は、一般市民の年収の一〇倍もの価格がつけられ、家一軒と取引されることもあったという。

この時代は、今ではチューリップ狂時代と呼ばれている。この時代に特に希少価値があるとされて高値で取引されたのが、「ブロークン」と呼ばれる品種である。これは、花びらに縞模様のあるチューリップである。

珍しい縞模様のチューリップに、人々は熱狂した。

ところが、意外なことに、このブロークンは現在ではチューリップの品種として認められていない。

じつは、ブロークンは、アブラムシによって媒介されたウイルス病にかかった花だったのである。植物ウイルスに感染したチューリップは、部分的に退色し、「モザイク病」という症状を引き起こしてしまう。このモザイク症状が、縞模様になるのである。

ウイルスは種子には感染することがないので、一般的には親植物がウイルスに感染しても、種子で増えた子どもの植物がウイルスに感染しているということはない。ところが、チューリップは球根で増やしていく。そのため、元の株がウイルスに感染していれば、そこから増やした株はすべてウイルスに感染していくことになるのである。

チューリップの人気は高まり続け、やがては球根の先物取引やオプション取引まで行われるようになってしまった。つまり、実際に育てられている球根の量よりも、取引されている球根の数の方がずっと多いということが起こってしまったのである。

そして、それは壊れた

チューリップの球根は、もはやその本来の価値をはるかに超えて高騰していった。そして、実態とかけ離れた「バブル経済」が引き起こされたのである。

高値で取引された先述のチューリップの名称が「ブロークン（壊れた）」であったことは皮肉である。

一九九〇年代のかつての日本がそうであったように、バブル経済は、いつかは泡のように弾けて消えてしまう。

どんなに富の象徴といっても、所詮は花の球根である。どこまでも価格が上がり続けるということはありえない。球根のあまりの高値に、多くの人々は球根が買えなくなってしまった。そして、ついにバブルが弾けるのである。

人々が狂乱から醒めた後は、球根の価格は大暴落し、多くの人々は財産を失った。そして、多くの投資家たちは破産してしまうのである。

この歴史的な出来事はチューリップ・バブルと呼ばれており、世界で最初のバブル経済であると言われている。

歴史をたどると、人々が熱狂するバブルは何度も繰り返され、そのたびに虚しく弾けていったことがわかる。人間というのは本当に何度も同じ過ちを犯す生き物である。チューリップ・バブルの時代から何も変わっていないし、何も学んでいないのである。

こうして黄金時代を謳歌（おうか）していたオランダの人々は富を失い、オランダの経済は大打撃を受けた。

そして世界の金融の中心地はオランダからイギリスへと移っていき、やがてイギリスが世界一の大国になっていくのである。

植物であるチューリップの球根が、世界の歴史の主役の座を変えてしまったのである。

第14章 トウモロコシ——世界を席巻する驚異の農作物

トウモロコシは単なる食糧ではない。
工業用アルコールやダンボールなどの資材、
石油に代替されるバイオエタノールをはじめ、
現代はトウモロコシなしには成立しない。

「宇宙からやってきた植物」

トウモロコシは宇宙からやってきた植物であるという都市伝説がある。

本当だろうか。

まさか、そんなことはないだろう。そう思うかもしれないが、トウモロコシはじつに不思議な植物である。

なにしろトウモロコシには明確な祖先種である野生植物がない。たとえば私たちが食べるイネには、祖先となった野生のイネがある。また、コムギは直接の祖先があったわけではないが、コムギの元となったとされるタルホコムギやエンマコムギという植物が明らかになっている。ところがトウモロコシは、どのようにして生まれたのか、まったく謎に満ちているのである。

トウモロコシは中米原産の作物である。祖先種なのではないかと考えられている植物には、テオシントと呼ばれる植物がある。しかし、テオシントの見た目はトウモロコシとは異なる。さらに、仮にテオシントが起源種であったとしても、テオシントにも近縁の植物はないのだ。

トウモロコシはイネ科の植物だが、ずいぶんと変わっている。

一般的に植物は、一つの花の中に雄しべと雌しべがある。イネやコムギなどイネ科の多くは、一つの花の中に雄しべと雌しべがある両性花である。ところが、トウモロコシは茎の先端に雄花が咲く。そして、茎の中ほどに雌花ができる。雌花もずいぶんと変わっていて、絹糸という長い糸を大量に伸ばしている。この絹糸で花粉をキャッチしようとしているのである。

この雌花の部分が、私たちが食べるトウモロコシになる部分である。トウモロコシを食べるときには皮を剝いて食べる。皮を剝くと中から黄色いトウモロコシの粒が現れる。このトウモロコシの粒は、種子である。

当たり前のように思えるが、考えてみるとこれも不思議である。

植物は種子を散布するために、さまざまな工夫を凝らしている。たとえばタンポポは綿毛で種子を飛ばすし、オナモミは人の衣服に種子をくっつける。ところが、トウモロコシは、散布しなければならない種子を皮で包んでいるのだ。皮に包まれていては種子を落とすことはできない。さらには皮を巻いて黄色い粒を剝き出しにしておいても、種子は落ちることがない。種子を落とすことができなければ、植物は子孫を残すことができない。つまり、トウモロコシは人間の助けなしには育つことができないのだ。まるで家畜のような植物だ。

初めから作物として食べられるために作られたかのような植物——それがトウモロコシである。そのため、宇宙人が古代人の食糧としてトウモロコシを授けたのではないかと噂されているのである。

トウモロコシが宇宙から来た植物かどうかは定かではないが、植物学者たちはこの得体の知れない植物であるトウモロコシを「怪物」と呼んでいる。

マヤの伝説の作物

すでに紹介したように、人類の文明には、それを支えた作物がある。黄河文明にはダイズがあり、インダス文明には麦類とイネが、長江文明にはイネがある。そして、地中海沿岸のメソポタミア文明、エジプト文明には麦類があり、南米のインカ文明にはジャガイモがある。

文明があったから作物が発達したのか、優れた作物が文明の発達を支えたのかはわからないが、いずれにしても、世界の文明の起源は、作物の存在と深く関係しているのである。

トウモロコシの起源地とされる中米に存在したアステカ文明やマヤ文明では、トウモロコシは重要な作物であったとされている。

マヤの伝説では、人間はトウモロコシから作られたとされている。人間がトウモロコシを創り出したのではなく、人間の方が後なのだ。

伝説では、神々がトウモロコシを練って、人間を創造したと言われている。日本ではあまり見られないが、トウモロコシには黄色や白だけでなく、紫色や黒色、橙(だいだい)色などさまざまな色がある。そのため、トウモロコシから作られた人間もさまざまな肌の色を持っているのだという。

グローバル化した現代であれば、世界には白人や黒人、黄色人種など、肌の色の違う人々がいることを知っている。

しかし、肌の白いスペイン人が中南米にやってきたのは、コロンブスがアメリカ大陸に到達した十五世紀以降のことである。そして、アフリカから黒人たちがアメリカ大陸へ連れてこられたのも十五世紀以降のことである。マヤの人々はどうして世界中にさまざまな肌の色の人間がいることを知っていたのだろうか。本当に不思議である。

ヨーロッパでは広まらず

アメリカ大陸の先住民の食糧として広く栽培されていたトウモロコシは、コロンブスの最初の航海によってヨーロッパに持ち込まれたとされている。しかし、ヨーロッパに紹介された後も、トウモロコシがヨーロッパの人々に受け入れられることはなかった。

麦類を見慣れたヨーロッパの人々にとって、トウモロコシは奇妙な穀物であった。植物学者でさえも「トウモロコシは珍しい植物だ。穀粒が、花のついた場所とはまったく違う所にできる。これは自然の法則に反する」と評している。

植物は花が咲き終わると、そこに実や種子ができる。トウモロコシも同じである。しかし、トウモロコシの雌花である絹糸は、とても花には見えない。トウモロコシは他のイネ科植物と同じように、茎の先端に穂をつけて花を咲かせる。しかし、これはトウモロコシの雄花だから、実はつかない。そして、絹糸のあったところに実がつくのである。

神が世界を創造したと信じるヨーロッパの人々にとって、自然の摂理に反するものは信じがたい。そのため、トウモロコシは珍しい植物として観賞用に栽培されるだけで、食糧となることはなかったのである。

「もろこし」と「とうきび」

コロンブスによってヨーロッパにもたらされたトウモロコシは、ヨーロッパでは本格的に栽培されなかったが、アフリカ、中近東、アジアの諸国へと広まっていった。日本にはポルトガル船によって一五七九年に伝えられたとされている。コロンブスがアメリカ大陸に到達したのが一四九二年であるから、それから百年も経たないうちに、極東の島国にトウモロコシが伝えられたことになる。

日本にもイネがあったから、トウモロコシの栽培は大々的には行われなかったが、水田を拓くことができない山間地では、トウモロコシは食糧として広まっていった。現在でも、山間地では、もちもちした食感のトウモロコシを栽培していることがある。これが、戦国時代に日本に伝えられたトウモロコシの系統である。

トウモロコシは、関西では「なんばん」や「なんば」の別名で呼ばれることがある。これは「南蛮」から伝えられたため、そう呼ばれているのである。

また、トウモロコシは「唐もろこし」とも呼ばれる。つまり、中国から来た「もろこし」という意味である。もろこしというのは、現在ではタカキビやコーリャン、ソルガムなどの雑穀のことである。トウモロコシは実際には中国から伝えられたものではなかったが、当時の日本では外国から来る舶来品の多くは中国からやってきた。そのため、海外からやってきたという意味で「唐もろこし」と呼ばれたのである。北海道などでは、トウモロコシのことを「とうきび」と言う。これも「唐きび」で、中国から来たキビという意味である。

ただし、トウモロコシというのは奇妙な呼び名である。「もろこし」という言葉自体が「唐土」という漢字を当てられており、中国を指す言葉なのである。

もともと中国には「呉越同舟（ごえつどうしゅう）」で知られる「越」という国があり、そこから伝えられたものを「諸越（もろこし）」と呼んでいた。これがやがて中国全体から伝えられたものを指すようになり、さらには中国そのものに「唐土」という字を当てて「もろこし」と呼ぶようになったのである。

先述のタカキビと呼ばれる雑穀は、古い時代に中国から伝えられた。そのため、この植物はモロコシと呼ばれるようになったのである。漢字では、「唐黍」と書く。これは中国から来たキビという意味である。

ところがその後、モロコシに似た植物が、再び日本に伝えられてしまった。そのため、本来は中国を意味する「モロコシ」に、さらに中国を意味する「唐」がつけられて、トウモロコシと呼ばれるようになったのである。もっとも、トウモロコシは「唐唐黍」ではなく「玉蜀黍」と書かれる。ちなみにこの「蜀(しょく)」というのも、中国にあった国の名で、モロコシが中国から来た「蜀黍」と書かれていたことに由来するが、「唐」や「蜀」という中国の国の名称が重なるのを避けて、「玉」という字が使われているのである。

信長が愛した花

織田信長は派手好きで、新し物好きであったとされている。

その織田信長が愛したと言われているのが、トウモロコシの花だという。

すでに紹介したように、トウモロコシには茎の先端に穂をつける雄花と、茎の中段につく絹糸と呼ばれる雌花とがある。トウモロコシはイネ科の植物なので、花びらがあるわけでもないし、美しく色づくわけでもない。ところが、この絹糸が、美しいのである。この絹糸は、皮つきで売られているトウモロコシでは、もじゃもじゃした茶色いひげである。このひげこそが、トウモロコシの雌花の雌しべが萎(しお)れたものなのである。

長く伸びた絹糸は光沢があって美しい。さらに、トウモロコシの絹糸は白いものだけでなく、種類によっては絹糸が赤いものもある。派手好きな信長は赤い色を好んだというから、美しく長く伸びたトウモロコシの赤い絹糸に魅了されたのだろう。

もちろん、信長は新し物好きだったから、南蛮渡来の珍しいトウモロコシはお気に召したはずである。

最も多く作られている農作物

世界で最も多く作られている農作物は何だろう。

コムギでもなく、イネでもなく、トウモロコシである。

トウモロコシと言えば、私たち日本人にとっては、屋台の焼きトウモロコシやサラダやスープなどが思い付くところだ。トウモロコシが、コムギやイネ以上に食べられているようにはとても思えない。日本人にとっては、トウモロコシというと、野菜として食べるスイートコーンがなじみ深いが、スイートコーンは糖分がデンプンに変化しない突然変異が起こった特殊なもので、世界のトウモロコシの中では珍しい種類である。

正常であれば糖分がデンプンに変化するため、一般には野菜としてよりも穀物として扱われている。

アメリカの先住民や移民の間で重要な食糧であったトウモロコシは、やがて硬い土を耕す「鋤（すき）」の発明や蒸気機関の登場による機械化によって、大規模生産が行われるようになった。

しかし、穀物として人間に食べられるトウモロコシも、じつは少数派である。

今やトウモロコシは単なる食糧ではない。トウモロコシは栄養価が高いので、世界のトウモロコシの多くは、家畜のエサとして用いられているのだ。

そのため、トウモロコシを食べていないと思っても、牛肉や豚肉などの肉を食べたり、牛乳を飲むことで、間接的にトウモロコシを食べていることになるのだ。

広がり続ける用途

しかし、トウモロコシの役割はそれだけではない。じつは、さまざまな加工食品や工業品の原料としても活躍している。

さまざまな加工食品に用いられるコーン油も、コーンスターチも、トウモロコシを原料としている。驚くべきことに、かまぼこやビールにまでトウモロコシは入っているのだ。

それだけではない。トウモロコシのデンプンからは、「果糖ぶどう糖液糖」という甘味料が作られる。そのため、チューインガムやスナック菓子、栄養ドリンク、コーラなど、さまざまな食品に入っていて、知らず識らずのうちにトウモロコシを食べている。

ダイエットのために、お菓子やドリンク類を控えている人は、もしかすると糖類を抑えた特定保健用食品や、脂肪の吸収を抑える飲み物を利用しているかもしれない。これらの商品には「難消化性デキストリン」という成分が入っている。この難消化性デキストリンもトウモロコシに由来して作られたものである。

私たちの体は、さまざまな食品から作られる。一説によると、人間の体のおよそ半分はトウモロコシから作られているのではないかと言われるほどである。

人間の体は、トウモロコシでできている。

まさに神がトウモロコシから人を作ったという、マヤの伝説そのものである。

トウモロコシが作る世界

食品だけではない。現在では工業用アルコールや糊（のり）もトウモロコシから作られており、ダンボールなどさまざまな資材も作られている。

最近では、限りある化石資源である石油に代替するものとして、トウモロコシから燃料であるバイオエタノールも作られている。

二十一世紀の現代、私たちの科学文明は、トウモロコシなしには成立しないほどだ。もしかすると、どんなに科学技術を誇っても、私たちの文明もマヤの文明と本質的にはあまり変わっていないのかもしれない。

もっとも、科学技術が進んだ現代では、トウモロコシはさまざまな品種改良が行われている。最近では遺伝子組み換え技術も盛んに行われて、改良を加えられた新しい品種が次々に生みだされている。

しかし、どんなに改良が進められても、トウモロコシはトウモロコシである。遠い昔に、「トウモロコシ」という、他の植物とはまったく性質の異なる奇妙な植物を作りだしたような劇的な改良は行われていない。いや、そんなことは現代の科学技術をもってしてもできないのだ。

それでは、遠い昔、どのようにしてトウモロコシは作りだされたのだろうか。もしかすると、本当に宇宙からもたらされたのだろうか。

謎は深まるばかりである。

そして、人間はトウモロコシを栽培し、利用していると思っているかもしれないが、トウモロコシからしてみれば、今や人間の手によって世界中で栽培されている。

植物は分布を広げるために、さまざまな方法で種子を散布する。そう考えれば、トウモロコシほど分布を広げることに成功した植物はない。

もしかすると、トウモロコシの方が人間を利用しているのかもしれない。

第15章 サクラ——ヤマザクラと日本人の精神

ソメイヨシノが誕生したのは江戸時代中期である。
日本人は、けっして散るサクラに魅入られてきたわけではなく、
咲き誇るヤマザクラの美しさ、生命の息吹の美しさを愛してきた。

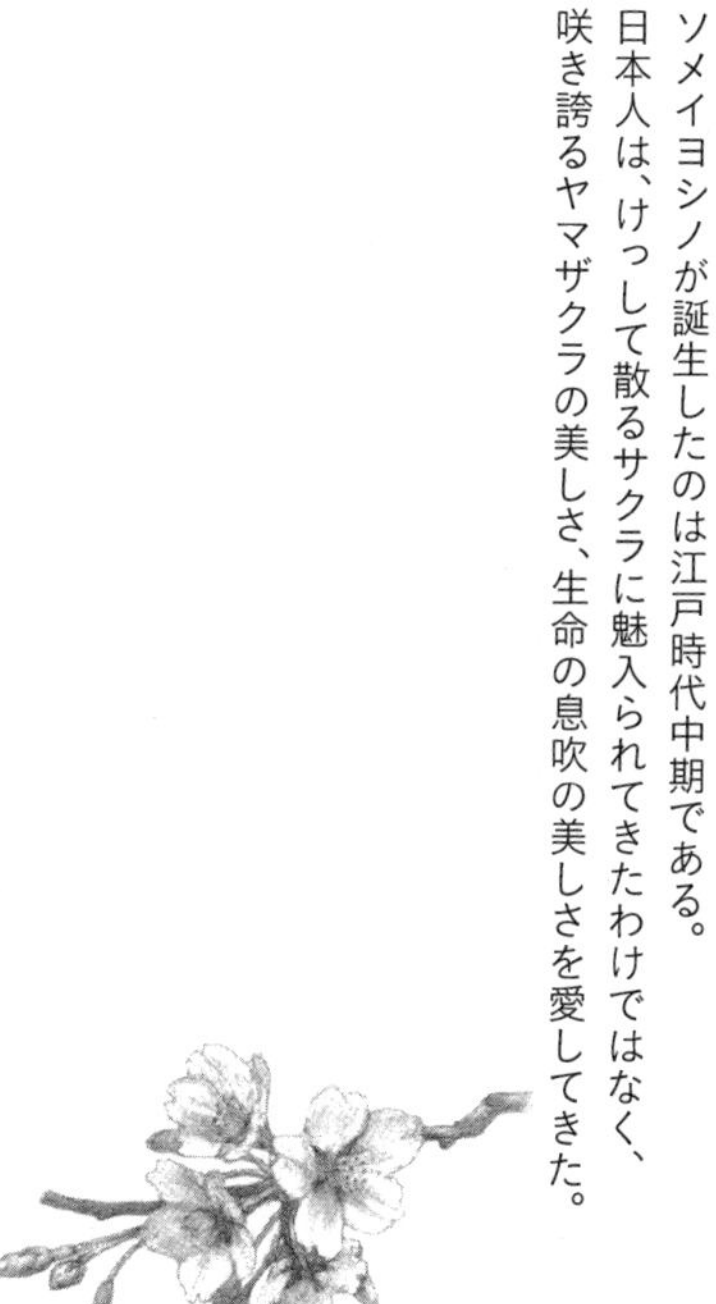

日本人が愛する花

古くからサクラは日本人に愛されてきた。

もともとサクラは稲作にとって神聖な花だった。サクラの花は決まって稲作の始まる時期に咲く。そのため、サクラは農業を始める季節を知らせる目印となる重要な植物であった。そして、美しく咲くサクラの花に、人々は稲作の神の姿を見たのである。

サクラの「さ」は、田の神を意味する言葉である。

サクラの他にも、稲作に関する言葉には「さ」のつくものが多い。田植えをする旧暦の五月は「さつき」と言う。そして、植える苗が「さなえ」である。さらに、「さなえ」を植える人が「さおとめ」である。田植えが終わると「さなぶり」というお祭りを行う。さなぶりという言葉は、田んぼの神様が上っていく「さのぼり」に由来している。

そして、サクラの「くら」は依代（よりしろ）という意味である。つまり、サクラは、田の神が下りてくる木という意味である。つまり、稲作が始まる春になると、田の神様が下りてきて、美しいサクラの花を咲かせると考えられていたのである。

昔から日本には、神様と共に食事をする「共食」の慣わしがある。正月の祝い箸が両端とも細くなって物がつかめるようになっているのは、神様と一緒に食事をするためである。日本人は季節ごとに神々と酒を飲み、ご馳走を食べてきた。そして、春になると、人々は依代であるサクラの木の下で豊作を祈り、飲んだり歌ったりした。

さらに、人々は満開のサクラに稲の豊作を祈り、花の散り方で豊凶を占ったという。もちろん、これは神への祈りだけでなく、これから始まる過酷な農作業を前に、人々の志気を高め、団結を図る実際的な意味合いもあったのだろう。

まさに新年度を迎え、歓迎会をかねて行う現代のサラリーマンの花見と同じである。これが現在も行われている花見の原点なのである。

ウメが愛された時代

農業にとって重要な植物であったサクラだが、奈良時代の貴族の間では、「花」と言えばサクラではなくウメのことであった。

ウメは、遣唐使によって中国から日本に持ち込まれたとされている。当時の日本人にとって、先進的な文化を持つ中国は羨望の的だった。日本にやってきたばかりの、この珍しい外来の植物を人々は尊んだのである。しかも中国では、寒さの中に咲くウメの花は「花の中の花」と称えられていた。そのため、日本の貴族たちはこぞってウメの花を愛でたのである。

『万葉集』にはウメを詠んだ歌が一一八首ある。これに対して、サクラを詠んだ歌は四〇首余しかない。花と言えばウメだったのである。

ところが、平安時代に入って中国の先進的な文化を日本に伝えていた遣唐使が廃止（八九四年）されると、人々は日本の文化に目を向けるようになる。そして、サクラを詠むようになるのである。九〇五年に編纂された『古今和歌集』にはサクラの歌が多く、ウメを詠んだ歌はわずかになってしまった。

『万葉集』の頃には「ウメが咲くのが待ち遠しい」という歌が多いが、この『古今和歌集』の頃から「サクラの散るのを惜しむ」という歌が多くなる。

和歌というのは、今で言えばラブソングや流行歌のようなものである。「サクラが散るのが美しい」というのは、当時は新感覚だったのだろう。

武士の美学

しかし、貴族たちが愛していた散るサクラは、時の移り変わりを示すものだった。

やがて武士が台頭する鎌倉時代になると、武士たちもサクラを観賞するようになった。そして、サクラは散る姿が美しいという感性は、常に死と隣り合わせの武士の間に受け入れられていく。

源平の争乱を記した『平家物語』では、サクラの和歌がいくつも記されている。美しく咲くサクラの中に虚しさを感じて、散ったサクラを美しいとする歌ばかりである。世の無常を感じていた平家物語の時代には、サクラの儚(はかな)い美しさを記しているのである。

やがて戦国時代になると、戦国武将たちは、美しく散るサクラの美しさと儚さに武士の美学を見出すようになる。

武田信玄には次のような歌がある。

たちならぶ甲斐こそなけれ桜花松にちとせの色はならはで

これは「立ち並んで咲いているサクラも、千年も変わらぬマツと比べると儚い」という意味である。

そして、今川義元を滅ぼした織田信長は、その時代の移り変わりをサクラにたとえてこう詠んだのである。

今川の流れも末も絶へはてて千もとの桜散り過ぎにけり

豊臣秀吉の花見

貴族の文化から武士の文化に取り入れられたサクラ。鎌倉時代には、幕府のあった鎌倉にサクラの名所が作られた。その後、室町時代には足利義満が吉野のサクラを室町に移植した。

そして、天下を統一した豊臣秀吉は、贅を尽くした盛大な花見を開催するのである。それが吉野山の花見と醍醐（だいご）の花見である。

一五九四年、豊臣秀吉は吉野山で大名以下五〇〇〇人を集めた大規模な「吉野山の花見」を催す。また、一五九八年には、京都の醍醐寺で一三〇〇人を集めた「醍醐の花見」が開かれた。

吉野山の花見が行われた理由は、派手好みの秀吉の趣向であるとか、苦戦を強いられた朝鮮出兵の気晴らしであると言われている。そして、後継ぎの秀頼が生まれると、今度は、豊臣の世が続くようにという願いを込めて、豊臣家の権威を世の中に示すために前代未聞の盛大な醍醐の花見を催すのである。醍醐の花見の参加者は一三〇〇人で、五〇〇〇人を擁（よう）した吉野山の花見よりも人数は少ないが、この一三〇〇人のほとんどは諸大名の配下の女房や女中衆である。つまり女性ばかりの花見だったのである。

恋しくて今日こそ深雪花ざかり眺めに飽かじいくとせの春

これが醍醐の花見の歌会での秀吉の歌である。変わらぬサクラの美しさに、豊臣家の永遠の春を願ったのである。

この花見のわずか五カ月後、秀吉は病に倒れ、百姓から天下人にまで上り詰めた壮絶な人生を終える。そして、秀吉が永遠の春を願った醍醐の花見の十七年後の一六一五年、秀吉の思いも虚しく、大坂夏の陣において豊臣家は滅亡してしまう。

しかし、秀吉の催した花見の宴会は、やがて花見を日本人のレクリエーションとして定着させていくのである。

サクラが作った江戸の町

新しく作られた江戸の町にはサクラはなかった。

江戸時代の初め、徳川家の参謀として江戸の町の設計に影響を及ぼしたとも言われる僧侶・天海は、上野に後に将軍家の菩提寺も兼ねた、寛永寺を建立した。そして、上野の山に、奈良の吉野山からサクラの苗木を取り寄せて植えたのである。

それまでのサクラは、一本のサクラを愛でるというイメージが強かった。

農民にとってのサクラは、農業の始まりを知らせる木であるが、ヤマザクラは木によって開花の時期がずれるので、「種まき桜」と呼ばれるような目印となる木が村のシンボルとなったのである。

また、宮中では「右近の橘、左近の桜」と呼ばれ、ただ一本だけ植えられるものであった。

ところが、上野の山では大量に植えられたサクラの花が咲き乱れる。このサクラが江戸の人々の心をわしづかみにしてしまったのである。

この江戸の人々のサクラ好きは、江戸の町づくりにも利用された。江戸では、隅田川など川の堤防にサクラの木が盛んに植えられたのである。これには理由がある。

湿地を埋め立てて造った江戸は、多くの川が流れて、川の氾濫（はんらん）による水害が絶えない。そこで、水害を防ぐために、頑丈な護岸を造らなければならないのである。サクラの木を植えることで、サクラの根が張り、土手が丈夫になる。さらに、花見客が大勢訪れることで土手が踏み固められる。こうして人々を集めるために、サクラの木が植えられたのである。

サクラは、堤だけでなく埋立地にも植えられた。霊岸島（れいがんじま）（現在の中央区新川）は、隅田川の中州を埋め立ててできた場所である。この霊岸島は、こんにゃく島と呼ばれるほど地盤がやわらかい場所であった。そこで、この埋立地にサクラを植えて、人々に踏み固めさせたのである。

八代将軍、吉宗のサクラ

八代将軍、徳川吉宗は、飛鳥山など江戸の各所にサクラを植えた。

吉宗は享保の改革を推し進め、質素倹約を励行した。そして一方では庶民の不満がたまらないように、行楽の場を整備したのである。

その一つが、現在もサクラで有名な王子の飛鳥山や品川の御殿山である。吉宗は花見を奨励するために、花見客のために茶店を用意したり、自ら宴席を催したりしたという。こうして花見は娯楽として江戸庶民の間に広まったのである。

そして江戸庶民は、サクラの木の下で酒を飲み、歌ったり、踊ったりして日頃の憂さを晴らしたのである。

ソメイヨシノの誕生

現在、サクラと言えば「ソメイヨシノ」である。

しかし、ソメイヨシノが誕生したのは、江戸時代中期のことである。ソメイヨシノは、サクラの歴史の中では比較的新しい品種なのである。

ソメイヨシノは、エドヒガン系のサクラとオオシマザクラの交配で生まれたとされている。園芸の盛んだった江戸の染井村（現在の豊島区駒込）では、植木業者が「吉野桜」と呼んで売り出した。

奈良の吉野山はサクラの名所として有名である。ただし、吉野山はヤマザクラであり、ソメイヨシノとはまったく関係がない。しかし、「吉野」というブランドを借りてPRしたのである。そして、ソメイヨシノは「吉野桜」というネーミングが受けて、広まっていく。

しかし、明治時代になって上野公園のサクラの調査が行われたときに、「吉野桜の並木」に植えられたサクラが、吉野のヤマザクラとはまったく違うことが明らかとなる。そして、「染井村で作られた吉野の桜」という意味でソメイヨシノと名付けられた。

ソメイヨシノという名称は、明治になって付けられたのである。

明治になり、文明開化の新しい時代が訪れると、江戸時代の象徴である大名屋敷や公園の名木は次々に切り倒されていった。そして、小学校や軍の施設など近代化の象徴である施設には、新しいサクラとしてのソメイヨシノが植えられていったのである。

散り際の美しいソメイヨシノ

ソメイヨシノが植えられていったのには理由がある。

ソメイヨシノは成長が早く、手入れも簡単で育てやすい。そのため、次々に苗が生産され、各地に植えられていったのだ。

また、ヤマザクラなどのそれまでのサクラとは大きな違いがある。江戸時代に一般的であったヤマザクラは、葉が出てから花が咲く。たとえば花札のサクラを見ると、咲き乱れているサクラの花のあちこちに葉が描かれている。これがヤマザクラの特徴である。

ところがソメイヨシノは違う。ソメイヨシノは葉が出る前に、花が咲くのである。これはソメイヨシノの交配親であるエドヒガンの特徴である。しかし、エドヒガンは花が小さく、花の数も少ないので、あまり目立たない。ところが、ソメイヨシノは花が大きく、花の数も多いので、枝が見えないほどに一面に咲くのである。花だけが一面に咲くソメイヨシノはとても特徴的で、華やかなサクラだったのである。

しかも、ソメイヨシノは接ぎ木によって増やされているので、増やした苗木は、元の木と同じ性質を持つクローンである。さまざまな木が植えられたヤマザクラは、木によって花の咲く時期が異なるので、花の時期が長い。ところが、ソメイヨシノは元の一本の株から増やしたすべての木が同じ特徴を持つので、一斉に咲いて、一斉に散ることになる。そのため、ソメイヨシノは、散り際が美しくなるのである。

そして、この散り際があまりに鮮やかなソメイヨシノのイメージは、次第に死の美学を助長してしまった。

「咲いた花なら散るのは覚悟　みごと散りましょ　国のため」——軍歌「同期の桜」に歌われたように、サクラが散るように潔く死ぬことを尊しとする価値観は、一斉に咲き、一斉に散るソメイヨシノによって生みだされたと言っていい。

そして、日本の不幸な軍国主義の下で、多くの若者たちの命は、サクラの花びらのように散っていったのである。

桜吹雪の真実

武士の散り際を表す歌として「敷島の大和心を人問はば朝日に匂う山桜花」が有

名である。

しかし、これは武士が詠んだ歌ではない。江戸時代の文人、本居宣長（もとおりのりなが）の歌である。

この歌は、桜花のように潔く散ることこそが大和魂であると解釈されることが多い。しかし、それは散るサクラに「死」をイメージする現代の私たちの解釈である。

実際には、本居宣長の詠んだ歌は「日本人の心はサクラの花のように美しい。そして、サクラの花の美しさを愛でる心が日本の心だ」という意味であるという。

そもそも、ここで歌われているサクラはヤマザクラである。散り際の潔いソメイヨシノとは異なり、ヤマザクラは開花期間も長く、花と同時に葉も出てくるのが特徴である。

もともとのサクラの美しさは、生命の息吹の美しさである。そして、その生命にあふれたサクラの花の中に、散っていく美しさを見出したのである。

「花は桜木、人は武士」という言葉がある。

花ではサクラの花が最も美しく、人は散り際が美しいサクラのように、死に際の潔い武士が最も優れていると解釈されている。

この言葉は、頓知で有名な一休宗純の狂歌であるとされている。

「人は武士　柱は檜　魚は鯛　小袖はもみじ　花はみよしの」というものである。

つまり、「花は桜木」という言葉はなかったのだ。

人と言えば武士、柱と言えばヒノキ、魚と言えば鯛、小袖と言えばもみじが一番という意味である。そして「花はみよしの」は、吉野のサクラという意味である。

吉野のサクラは、もちろんソメイヨシノではなくヤマザクラである。

やがて、この狂歌は「花はみよしの　人は武士」と言われるようになった。そして、歌舞伎の『仮名手本忠臣蔵』で「花は桜木、人は武士」という台詞が使われ、一般に広まっていったのである。

日本人は、けっして散るサクラに魅入られてきたわけではない。

咲き誇るヤマザクラの美しさこそ、日本人が愛してきた美しさである。そして、春の訪れを知らせ、季節の移り変わりを知らせるサクラこそが、日本人の心を育んできたのである。

おわりに

人間は、長い歴史の中で、自分たちの欲望に任せて、植物を思うがままに利用してきた。そして、物言わぬ植物は、そんな人間の欲望に付き従ってきた。

あるものは遠く離れた異国の地に運ばれて、慣れない気候にさらされながら栽培されてきた。また、あるものは、人間の都合に合わせて姿形を改良されてきた。

はたして、植物たちは人間の歴史に翻弄(ほんろう)されてきた被害者なのだろうか？

私は、そうは思わない。

植物にとって、もっとも重要なことは何だろうか？　それは、種子を作り、種子を散布することである。

植物は種子を残し、分布を広げるために生きている。

たとえば、タンポポは綿毛を風に乗せて種子を遠くへ飛ばしていく。あるいは、ひっつき虫と呼ばれる植物は、動物や人間の衣服に実や種子をくっつける。こうして、動物や人間を利用して、種子を運ぶのである。

野山には出掛けないという人も、知らないうちに植物に利用されていることがある。オオバコやハコベなどの雑草の種子は、くっつきやすい仕組みになっていて、踏まれると靴の裏や車のタイヤにくっつく。道ばたに生える雑草は、こうして分布を広げていくのだ。

植物が動物を利用するのは、くっつけるだけではない。じつは植物には「食べさせて、種子を運ばせる」という戦略がある。植物が実らせる甘い果実が、それである。

動物や鳥が植物の果実を食べると、果実と一緒に種子も食べられる。そして、種子は消化されることなく、糞と一緒に体外に排出されるのである。動物や鳥の消化管を種子が通り抜けるのには時間が掛かるから、糞と一緒に種が排出される頃には、動物や鳥は移動して、それとともに種子も移動して散布されるという作戦なのである。

植物の果実が、赤く色づき、甘くなるのは、動物や鳥を呼び寄せて食べさせるためなのである。

もっと手の込んだ方法もある。たとえば、スミレの種子はアリを利用する。スミレの種子をよく見ると、「エライオソーム」というゼリー状の物質が付着している。このエライオソームをエサにするために、アリは種子を自分の巣に持ち帰るのである。ただし、アリの巣の中に運ばれても、深い地面の下で芽を出すことはできない。じつは、アリがエライオソームを食べ終わると、種子が残る。種子はアリにとっては食べられないゴミなので、アリは種子を巣の外へ捨ててしまう。こうしたアリの行動によってスミレの種子は、遠くへ運ばれるのである。スミレのようにアリを利用して種子を運ぶ植物は、アリ散布型植物と呼ばれている。

何という複雑な方法なのだろう。そして、まんまと植物に利用されているアリの、何と哀れなことだろう。

しかし、どうだろう。植物は種子を散布するために、さまざまな工夫を凝らしてきた。中でも食べさせて、他の生物を利用するという方法は秀逸である。種子を運ぶためであれば、甘い果実を用意したり、栄養豊富なエライオソームを用意することなど、植物にとってはわけもないことだったのだ。

私たち人類は、さまざまな植物を栽培し、利用している……と思っている。しかし、どうだろう。それは、鳥たちが甘い果実に狂喜し、アリがエライオソームのついた重たい種子を運ばされているのと、何か違いがあるだろうか。

作物は、今や世界中で栽培されている。分布を広げることが植物の生きる目的であるとすれば、世界中の隅々にまで分布を広げた作物ほど成功している植物はない。そして、一面に広がる田畑で、栽培作物は、人間たちに世話をされて、何不自由なく育っている。そして人間は、せっせと種を蒔き、水や肥料をやって植物の世話をさせられているのである。

そのために、人間の好みに合わせて姿形や性質を変えることは、植物にとっては何でもないことなのだろう。人間が植物を自在に改良しているのではなく、植物が人間に気に入られるように自在に変化しているだけかもしれないのだ。

本書で紹介したように、人類の歴史は、植物の栽培を試みたことから始まった。そして、農耕を始めることによって、人類は、富を生みだすことを見つけた。そして、貧富の差が生まれ、人類はさらに富を生みだすために、生涯を懸けて働き続けなければならないのである。

もし、地球外から来た生命体が、地球のようすを観察したとしたら、どう思うだろう。地球の支配者は作物であると思わないだろうか。そして、人類のことを、支配者たる作物の世話をさせられている気の毒な奴隷であると、母星に報告するのではないだろうか。

人類の歴史は、植物の歴史かもしれないのである。

ＰＨＰエディターズ・グループの田畑博文さんには、本書の出版にあたりお世話になりました。お礼申し上げます。

二〇一八年五月

稲垣栄洋

文庫版あとがき

二〇二〇年、新型コロナウイルス感染症のパンデミックが世界を襲った。

世界の片隅で発生したウイルスは、瞬く間に世界中に広がり、世界の経済に打撃を与え、世界の社会システムの欠陥をあらわにし、私たちのありふれた日常さえ大きく変化させた。

目に見えない小さなウイルスに翻弄され、世界中の国々が右往左往した。

小さなウイルスによって一変するほど、私たちが住む地球は小さかったのだ。

「植物が世界の歴史を動かしてきた」

この荒唐無稽に思えるような本書のテーマも、パンデミックを経験した私たちには、実感できたのではないだろうか。

たかが植物である。しかし、私たちが小さなウイルスの前に無力であったように、人類は、植物の魔力の前では無力であり、なすがままに踊らされてきた。植物が、人類を動かし、そして植物が、人類の歴史を創り上げてきたのだ。けっして驕ることなかれ、である。私たち人類は、日頃から優れた知能をひけらかし、万物の霊長を自負しているが、所詮はその程度なのだ。

歴史は生き物である。歴史はけっして教科書の中に無味乾燥に保管された押し葉標本ではない。コロナ禍の今、本書を読み返してみると、植物に翻弄され、植物に動かされてきた人類の歴史を、遠い昔の出来事ではなく、自分事のように感じることができる気がする。

はたして……。

新型コロナウイルスに翻弄された私たちを、後の人々はどのように書き残すだろう。

新型コロナウイルスによって、世界の歴史はどう変わるのだろう。

そして、アフターコロナと呼ばれる時代、私たちは、どのような世界を創り上げることができるのだろう。
世界史は、けっして遠い過去の話ではない。
私たちもまた、今、世界史の中にいるのだ。

二〇二一年八月

稲垣栄洋

[参考文献]

アンドルー・F・スミス著／手嶋由美子訳『砂糖の歴史』原書房／二〇一六年
アントニー・ワイルド著／三角和代訳『コーヒーの真実』白揚社／二〇一一年
ベネット・アラン・ワインバーグ、ボニー・K・ビーラー著／別宮貞徳監訳／真崎美恵子、亀田幸子、西谷清、岩淵行雄、高田学訳『カフェイン大全』八坂書房／二〇〇六年
ビル・ローズ著／柴田譲治訳『図説 世界史を変えた50の植物』原書房／二〇一二年
ビル・プライス著／井上廣美訳『図説 世界史を変えた50の食物』原書房／二〇一五年
B・S・ドッジ著／白幡節子訳『世界を変えた植物』八坂書房／一九八八年
江原絢子、石川尚子、東四柳祥子『日本食物史』吉川弘文館／二〇〇九年
エリカ・ジャニク著／甲斐理恵子訳『リンゴの歴史』原書房／二〇一五年
エリザベス・アボット著／樋口幸子訳『砂糖の歴史』河出書房新社／二〇一一年
藤巻宏、鵜飼保雄『世界を変えた作物――遺伝と育種3』ライフサイエンス教養叢書⒁／一九八五年
藤原辰史『戦争と農業』インターナショナル新書／二〇一七年
樋口清之『食べる日本史』朝日文庫／一九九六年
伊藤章治『ジャガイモの世界史――歴史を動かした「貧者のパン」』中公新書／二〇〇八年
ジャレド・ダイアモンド著／倉骨彰訳『銃・病原菌・鉄（上・下）』草思社／二〇〇〇年

ジョナサン・モリス著／龍和子訳『コーヒーの歴史』原書房／二〇一九年
古賀守『ワインの世界史』中公新書／一九七五年
ラリー・ザッカーマン著／関口篤訳『じゃがいもが世界を救った――ポテトの文化史』青土社／二〇〇三年
リュシアン・ギュイヨ著／池崎一郎、平山弓月、八木尚子訳『香辛料の世界史』白水社／一九八七年
マーク・アロンソン、マリナ・ブドーズ著／花田知恵訳『砂糖の社会史』原書房／二〇一七年
マルク・ミロン著／竹田円訳『ワインの歴史』原書房／二〇一五年
マージョリー・シェファー著／栗原泉訳『胡椒 暴虐の世界史』白水社／二〇一四年
マーク・ペンダーグラスト著／樋口幸子訳『コーヒーの歴史』河出書房新社／二〇〇二年
松本紘宇『アメリカ大陸 コメ物語 コメ食で知る日系移民開拓史』明石書店／二〇〇八年
溝口優司『アフリカで誕生した人類が日本人になるまで』SB新書／二〇一一年
21世紀研究会編『食の世界地図』文春新書／二〇〇四年
岡田哲編『食の文化を知る事典』東京堂出版／一九九八年
レベッカ・ラップ著／緒川久美子訳『ニンジンでトロイア戦争に勝つ方法 世界を変えた20の野菜の歴史（上・下）』原書房／二〇一五年
酒井伸雄『文明を変えた植物たち コロンブスが遺した種子』NHKブックス／二〇一一年
佐藤洋一郎、加藤鎌司編著『麦の自然史――人と自然が育んだムギ農耕』北海道大学出版会

／二〇一〇年
シルヴィア・ジョンソン著／金原瑞人訳『世界を変えた野菜読本――トマト、ジャガイモ、トウモロコシ、トウガラシ』晶文社／一九九九年
橘みのり『トマトが野菜になった日――毒草から世界一の野菜へ』草思社／一九九九年
武田尚子『チョコレートの世界史――近代ヨーロッパが磨き上げた褐色の宝石』中公新書／二〇一〇年
玉村豊男『世界の野菜を旅する』講談社現代新書／二〇一〇年
トム・スタンデージ著／新井崇嗣訳『世界を変えた6つの飲み物――ビール、ワイン、蒸留酒、コーヒー、紅茶、コーラが語るもうひとつの歴史』インターシフト／二〇〇七年
角山栄『茶の世界史――緑茶の文化と紅茶の社会』中公新書／一九八〇年
鵜飼保雄『トウモロコシの世界史――神となった作物の9000年』悠書館／二〇一五年
山本紀夫『トウガラシの世界史――辛くて熱い「食卓革命」』中公新書／二〇一六年
山本紀夫『ジャガイモのきた道――文明・飢饉・戦争』岩波新書／二〇〇八年

著者紹介
稲垣栄洋（いながき　ひでひろ）
1968年静岡県生まれ。静岡大学農学部教授。農学博士、植物学者。農林水産省、静岡県農林技術研究所等を経て、現職。主な著書に『散歩が楽しくなる 雑草手帳』（東京書籍）、『弱者の戦略』（新潮選書）、『植物はなぜ動かないのか』『はずれ者が進化をつくる』（以上、ちくまプリマー新書）、『生き物の死にざま』（草思社）、『生き物が大人になるまで』（大和書房）、『38億年の生命史に学ぶ生存戦略』（ＰＨＰエディターズ・グループ）、『面白くて眠れなくなる植物学』（ＰＨＰ文庫）など多数。

本書は、2018年７月にＰＨＰエディターズ・グループより刊行された『世界史を大きく動かした植物』を改題し、加筆・修正したものである。

ＰＨＰ文庫　世界史を変えた植物

2021年９月23日　第１版第１刷
2022年12月１日　第１版第７刷

著　者　稲垣栄洋
発行者　永田貴之
発行所　株式会社ＰＨＰ研究所
東京本部　〒135-8137　江東区豊洲5-6-52
ビジネス・教養出版部　☎03-3520-9617（編集）
普及部　☎03-3520-9630（販売）
京都本部　〒601-8411　京都市南区西九条北ノ内町11

PHP INTERFACE　https://www.php.co.jp/

制作協力
組　版　株式会社PHPエディターズ・グループ

印刷所
製本所　大日本印刷株式会社

ISBN978-4-569-90155-8

JASRAC 出 2106786-207

PHP文庫

面白くて眠れなくなる植物学

稲垣栄洋 著

累計70万部突破の人気シリーズの植物学版。木はどこまで大きくなる？　植物はなぜ緑色？　想像以上に不思議で謎に満ちた植物の生態に迫る。

PHP文庫

面白くて眠れなくなる生物学

長谷川英祐 著

生命は驚くほどに合理的!?――「人間の脳にそっくりなアリの社会」「メス・オスに性が分かれた秘密」など、驚きのエピソードが満載!

PHP文庫

面白くて眠れなくなる人体

坂井建雄 著

鼻の孔はなぜ2つあるの？　脳そのものは、痛みを感じない？　最も身近なのに「未知の世界」である人体のふしぎを、わかりやすく解説！